EUROPA-FACHBUCHREIHE
für Metallberufe

Technisches Zeichnen
Technische Kommunikation

Grundbildung Metall
mit Lernfeldorientierung für die Metallberufe

11. Auflage

Bearbeiter des Zeichenlehrganges:

Schellman, Bernhard	Wangen i. A.
Stephan, Andreas	Marktoberdorf

Leiter des Arbeitskreises: Bernhard Schellmann, Kißlegg
Bildbearbeitung: Grafische Produktionen Jürgen Neumann, 97222 Rimpar

Vorwort

Die Arbeitsblätter Grundbildung Metalltechnik sind eine Ergänzung zu den Informationsbänden „Grundbildung Metalltechnik“ (Best.-Nr. 12717) bzw. „Grund- und Fachbildung Metalltechnik“ (Best.-Nr. 12814) des Verlags Europa-Lehrmittel. Die Arbeitsblätter können in den Lernfeldern 1-4 parallel zum Arbeitsbuch „Lernfelder 1-4 mit Projekten, Metalltechnik“ (Best.-Nr. 19401) in Übungsphasen und als Vertiefung für zeichentechnische und planerische Aufgaben eingesetzt werden. Alle Übungsaufgaben sind so vorbereitet, dass sie mit möglichst geringem Zeitaufwand und ohne zusätzliches Zeichenpapier ausgeführt werden können.
In den Arbeitsblättern wurden für die Zeichnungen und Beschriftungen die Liniengruppe 0,5 sowie die Schriftform B, V, DIN EN ISO 3098, gewählt. Zur Unterstützung des freihändigen Zeichnens und Skizzierens enthalten die Blätter teilweise eine Rasterung von 5 mm × 5 mm.
Die Arbeitsblätter sind nach Sachgebieten geordnet und orientieren sich an den Kapiteln des Informationsbandes und den Inhalten in den Lernfeldern 1-4 der Metalltechnik. In der **11. Auflage** werden Rauwerte und steuerungstechnische Bezeichnungen überarbeitet.
Die Lehrerausgabe enthält Lösungsvorschläge zu den einzelnen Übungsaufgaben.

Kißlegg, 2014

Die Autoren

Europa-Nr. 12911
ISBN 978-3-8085-1302-6

VERLAG EUROPA-LEHRMITTEL · Nourney, Vollmer GmbH & Co. KG
Düsselberger Straße 23 · 42781 Haan-Gruiten

11. Auflage 2014, korrigierter Nachdruck 2017
Druck 5 4 3 2
Alle Drucke derselben Auflage sind parallel einsetzbar, da sie bis auf die Behebung von Druckfehlern untereinander unverändert sind.

Satz: Grafische Produktionen Jürgen Neumann, 97222 Rimpar
Umschlag: Grafische Produktionen Jürgen Neumann, 97222 Rimpar
Umschlagfotos: Bildmaterial des Arbeitskreises
Druck: Konrad Triltsch, Print und digitale Medien GmbH, 97199 Ochsenfurt-Hohestadt

Name: Klasse: Datum:

1 Grundlagen und einfache Werkstücke

Zeichnungsarten

EUROPA LEHRMITTEL

1.1 Rollenlagerung

a) Tragen Sie bei den Bildern jeweils die Zeichnungsart und ein Beispiel für deren Verwendung ein.
b) Ergänzen Sie mit Hilfe eines Tabellenbuches die Stückliste.

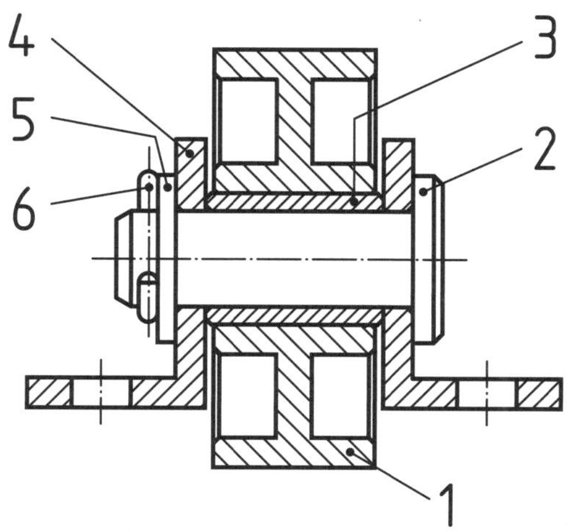

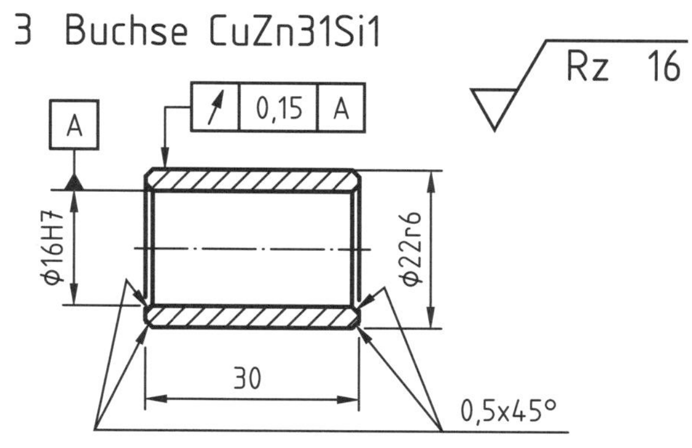

Zeichnungsart: ______

Verwendungsbeispiel für diese Zeichnungsart: ______

Zeichnungsart: ______

Verwendungsbeispiel für diese Zeichnungsart: ______

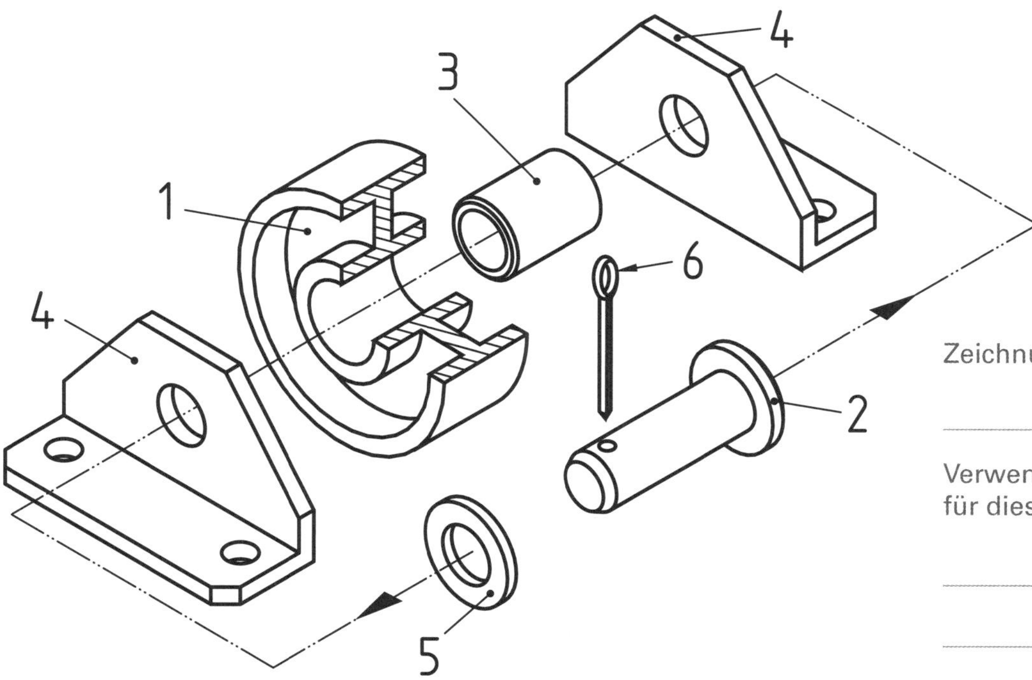

Zeichnungsart: ______

Verwendungsbeispiel für diese Zeichnungsart: ______

Pos. Nr.	Menge/ Einheit	Benennung	Werkstoff/Norm-Kurzbezeichnung	Bemerkung
1	1	Rolle	EN-GJL-250	
2	1	Bolzen	ISO 2341-B-16x50-St	Stiftloch bei Montage gebohrt
3	1	Buchse		in Teil 1 eingepresst
4			S235JRC+C	DIN 59370-45x30x4
5			ISO 8738-16-160HV	
6			ISO 1234-4x25-St	

Name: Klasse: Datum:

1.2 Flachstahl

Zeichnen Sie den Flachstahl mit Bohrungen im Maßstab 1:5. Bemaßung ist nicht erforderlich

1:1

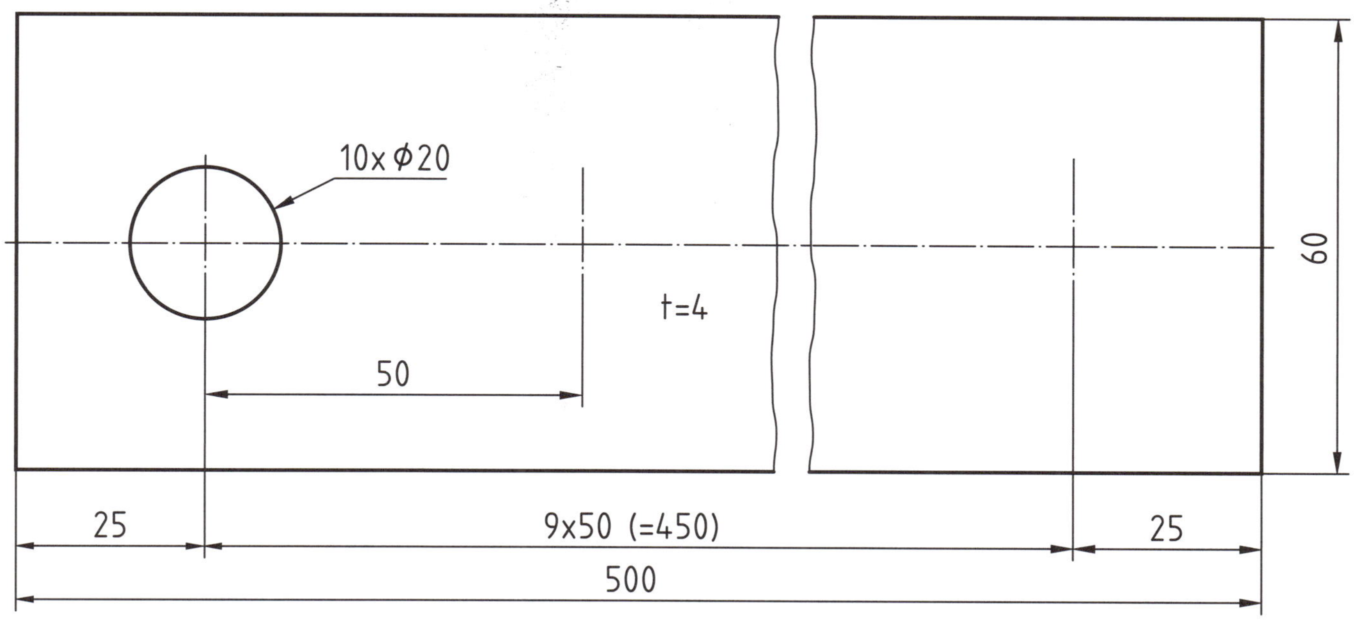

1:5

1.3 Exzenterhebel

Zeichnen Sie den Exzenterhebel im Maßstab 2:1. Bemaßung ist nicht erforderlich

1:1

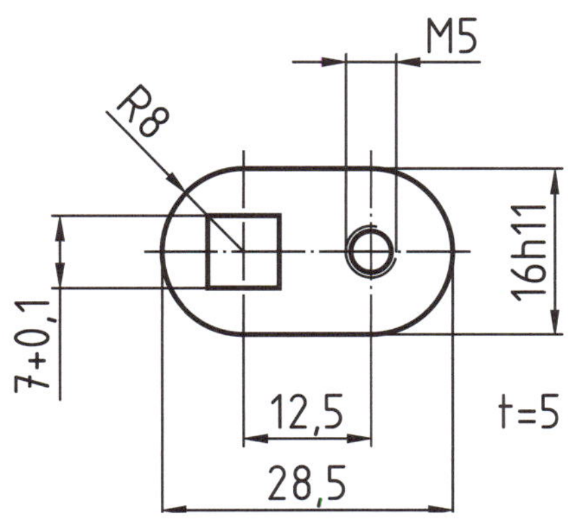

2:1

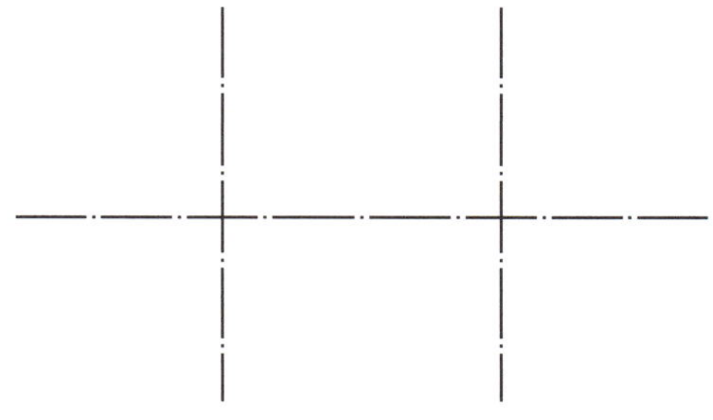

Name: Klasse: Datum:

1 Grundlagen und einfache Werkstücke

Linienarten

1.4 Normen für Linienarten

Nach welchen Normen sind die Linien in technischen Zeichnungen auszuführen? Tragen Sie die Normen und ihr Ausgabedatum ein.

Norm: .... Ausgabedatum: ....

1.5 Liniengruppen

Ergänzen Sie die Tabelle und nennen Sie mindestens zwei Anwendungsbeispiele für die Linienarten.

Bezeichnung	Linienart (Kennbuchstabe) (Nummer)	Linienbreite mm bei Liniengruppe		Anwendungsbeispiele
		0,5	0,7	
Volllinie breit				
Volllinie schmal				
Freihandlinie				
Strichlinie, schmal				
Strich-Punktlinie				
Strich-Zweipunktlinie				

1.6 Linienarten anwenden

Ergänzen Sie den unteren Teil der Teilzeichnung mit den entsprechenden Linienarten und beschreiben Sie die gekennzeichneten Linien.

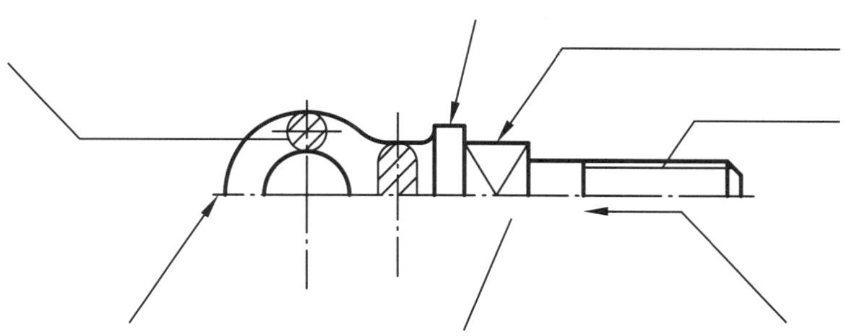

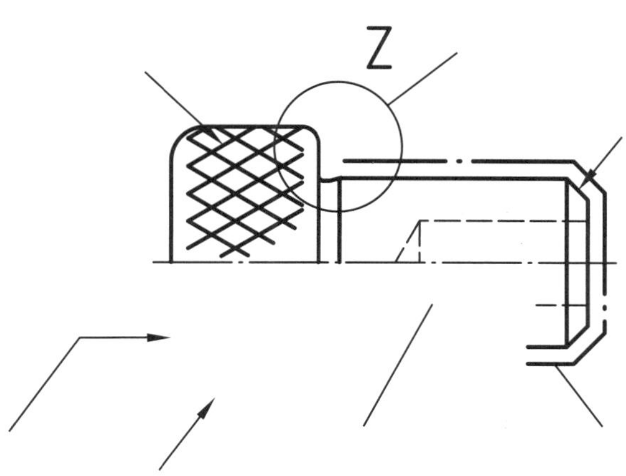

Name: Klasse: Datum:

1 Grundlagen und einfache Werkstücke

Maßeintragung

1.7 Ergänzen von Maßpfeilen und Maßzahlen

Ergänzen Sie die Bemaßung der Blechteile normgerecht.

1:1

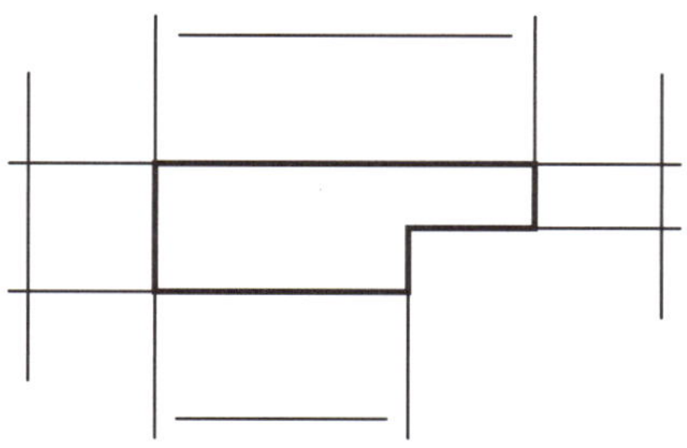

Blech 30 × 10 × 3 mm
Absatzmaße 20 mm, 5 mm

1:1

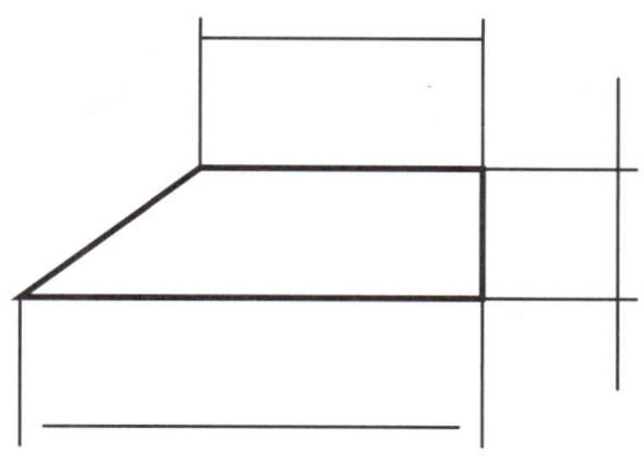

Blech 36 × 10 × 2 mm
angeschrägt auf 22 mm

1:1

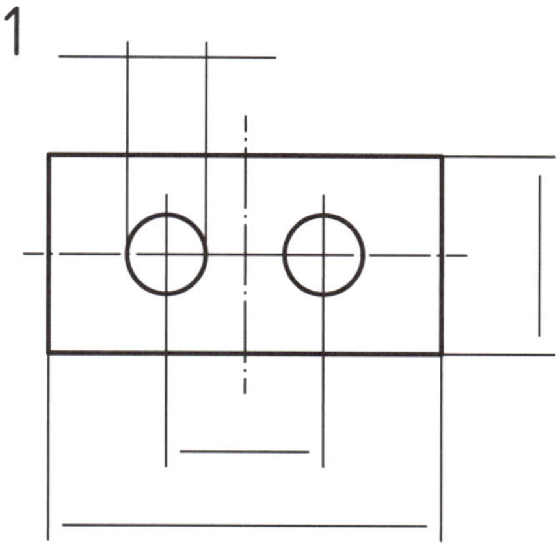

Blech 40 × 20 × 5 mm
Bohrungen 8 mm, Abstand 16 mm

1.8 Flachlehre

Die dargestellte Flachlehre hat die Grundmaße 20 × 60 × 5 mm. Die beiden oberen Ecken sind 3 mm breit unter 45° angeschrägt. Die Lehrenöffnung ist 20 × 10 mm. Die Innenecken der Lehre sind mit 2 mm Durchmesser ausgebohrt.
Zeichnen Sie eine Ecke als Einzelheit im Maßstab 5:1 und bemaßen Sie die Lehre normgerecht!

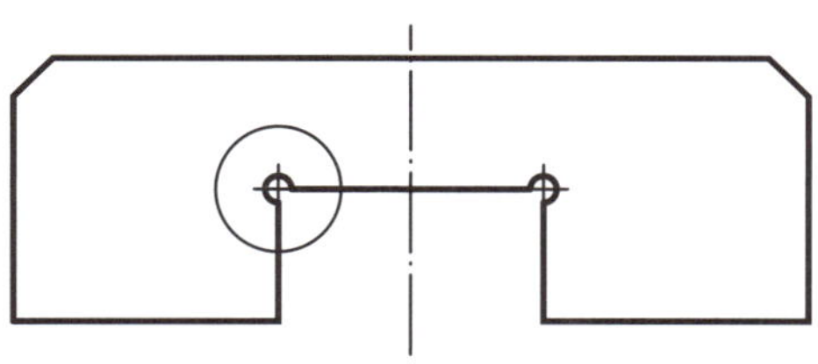

1:1

1.9 Formlehre

Ergänzen Sie folgende Maße (von links nach rechts): 10; 2; 12; 5; 8; 2,5; 6; 5,5; 9 mm.
Das Maß 9 mm ist ein Hilfsmaß, das nicht geprüft wird.

1:1

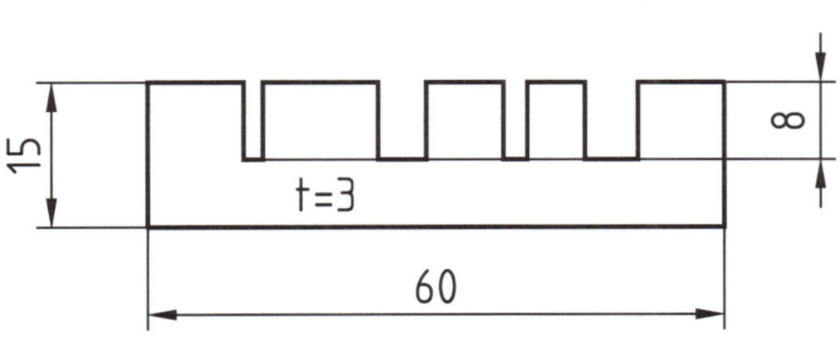

1.10 Riegel

Tragen Sie die Grundmaße 45 × 20 × 5 mm, die Fase 2 × 45°, Größe und Lage des Durchbruchs □8 und 12 und die Schräge 10 × 14° ein.

1:1

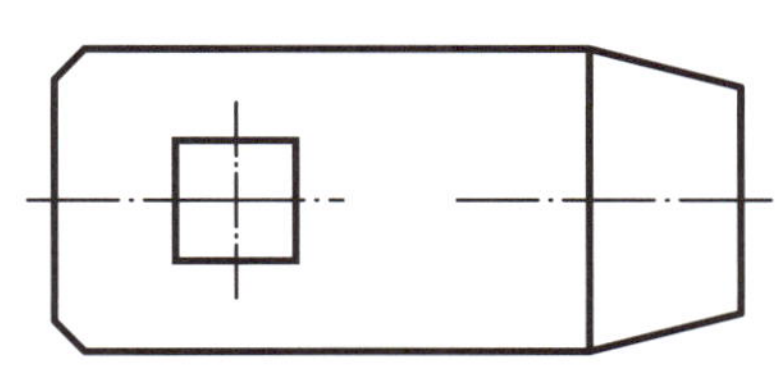

Name: Klasse: Datum:

1 Grundlagen und einfache Werkstücke
Maßeintragung

EUROPA LEHRMITTEL

1.11 Rundungslehre
Die Rundungslehre 40 × 25 mm ist mit den Rundungen 6; 20; 3 mm versehen. Dicke 5 mm. Ergänzen Sie die Maße.

1.12 Nutlehre
Alle Rundungen der Nutlehre haben einen Halbmesser von 2 mm. Dicke 3 mm. Ergänzen Sie die Bemaßung.

1.13 Befestigungsband
Ergänzen Sie die Maße. Bohrungsabstand links 60 mm, Bohrungsabstand rechts 40 mm, Gesamtlänge 200 mm, Bohrungen 4 und 6 mm, Dicke 1mm.

1:1

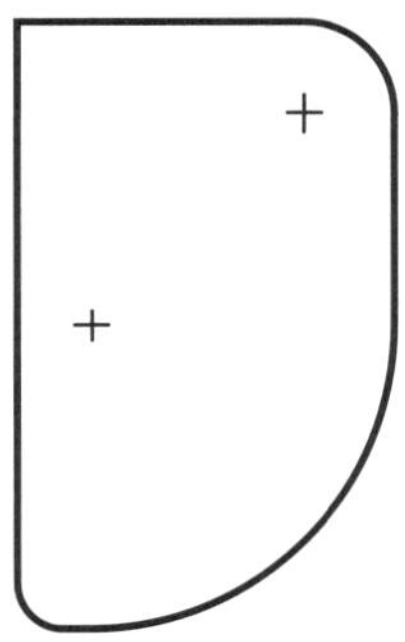

1:1

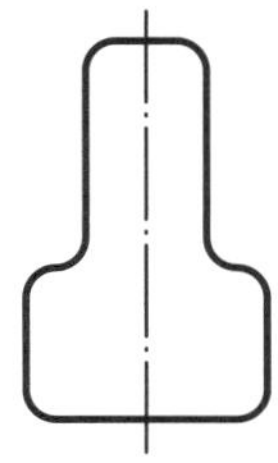

1:1

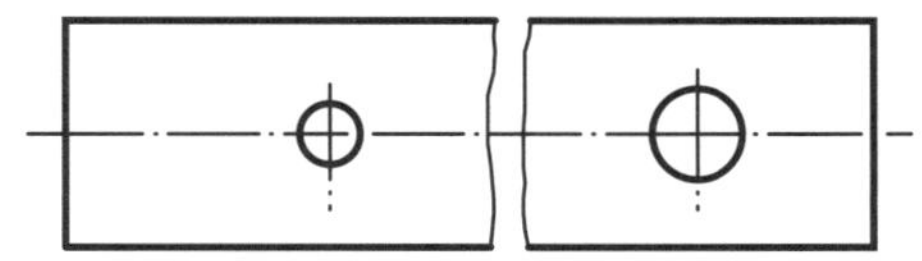

1.14 Schieber
Ergänzen Sie die Maße: M8, Durchmesser 8 mm, Dicke 10 mm, Winkel 15°, Grundbreite der Trapezfläche 8 mm.

1:1

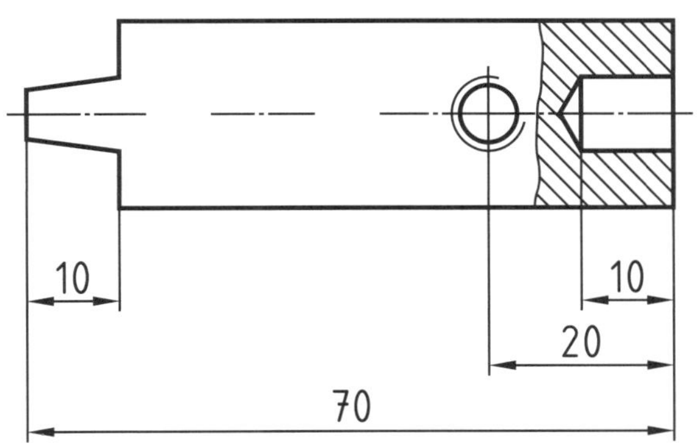

1.15 Pumpenkolben
Bemaßen Sie mit folgenden Maßen: 55, ⌀4, ⌀10, R5, 10, 5H7

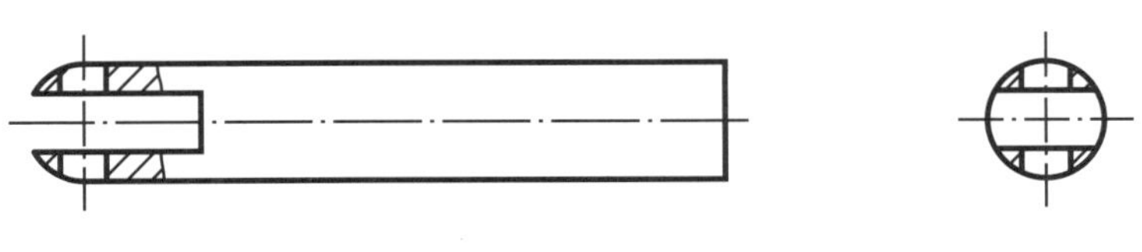

Name: Klasse: Datum:

1.16 Knotenblech

Zeichnen Sie das Knotenblech freihändig im Maßstab 1:2 und tragen Sie alle Maße ein: Grundmaße 120 × 160 × 8 mm; Anschrägungen 60 × 60 mm; Bohrungen 20 mm, Randabstand von rechts 30 mm, Mittenabstand je 50 mm.

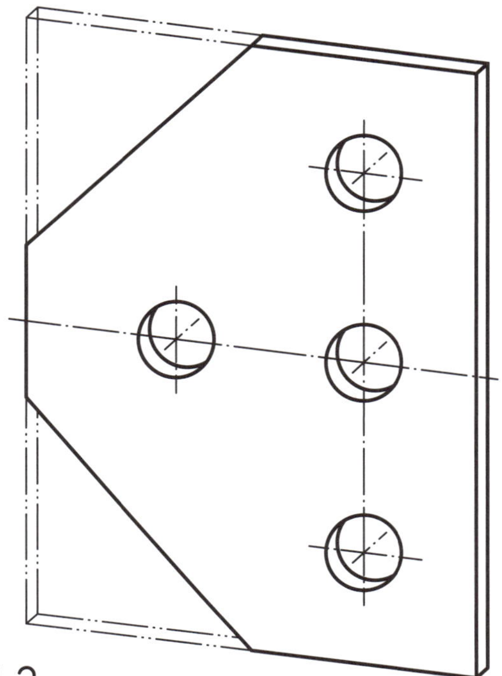

1:2

Knotenblech S235JRC+C 1:2

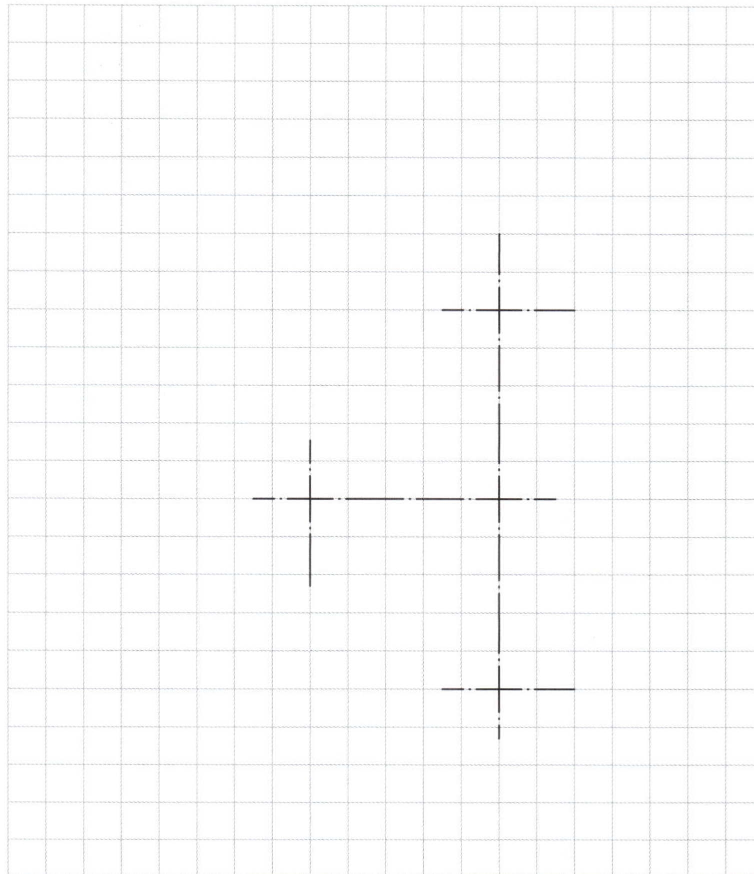

1.17 Winkelblech

Zeichnen Sie das Winkelblech freihändig im Maßstab 1:1 und tragen Sie alle Maße ein: Grundmaße 70 × 70 × 8 mm; die übrigen Maße können aus der Zeichnung entnommen werden.

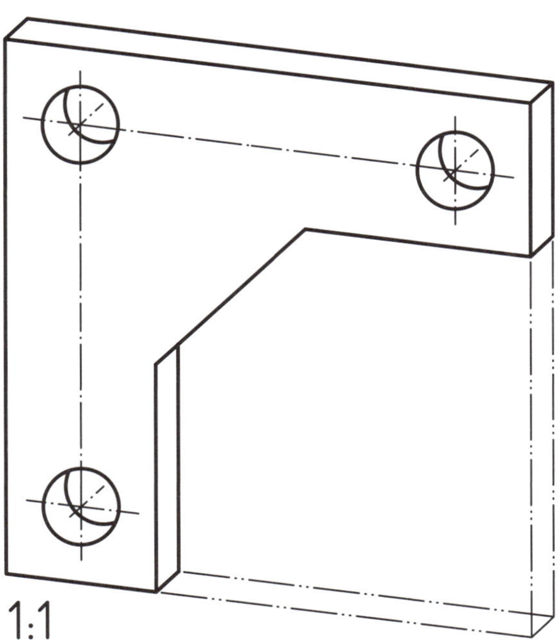

1:1

Winkelblech S235JRC+C 1:1

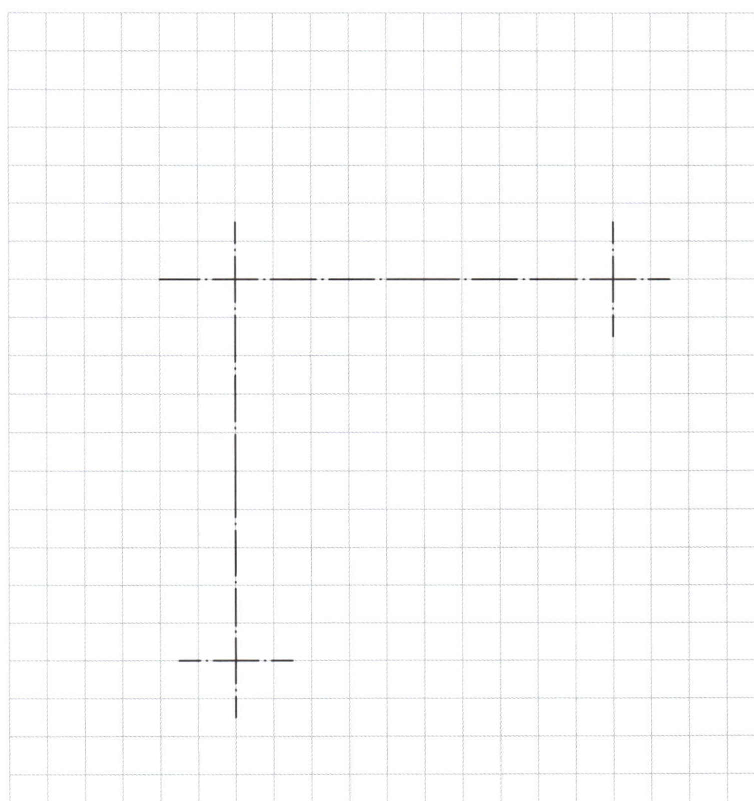

1.18 Schablone

Zeichnen Sie die Schablone im Maßstab 1:1 und tragen Sie alle Maße ein:
Grundmaße 80 × 60 × 6 mm; Nut 20 mm tief, 15 mm breit, Abstand von unten 25 mm; Bohrung 20 mm, Abstand von unten 60 mm, von links 30 mm; Schrägen 20 × 20 mm und 20 × 50 mm.

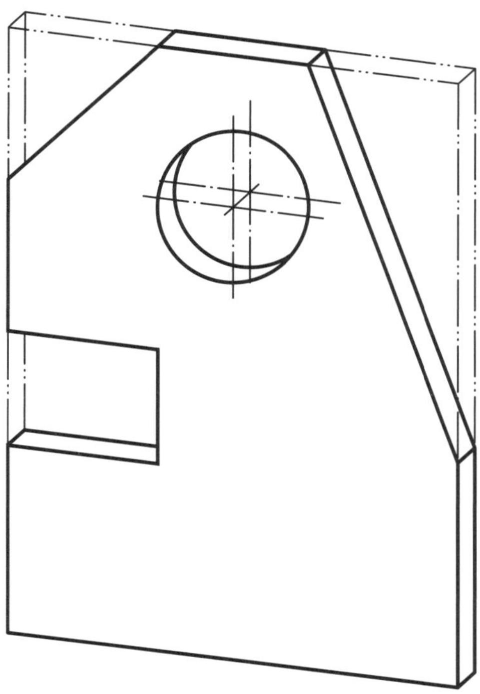

Schablone S235JRC+C 1:1

1.19 Lochscheibe

Zeichnen Sie die Lochscheibe im Maßstab 1:1 und tragen Sie alle Maße ein:
Blechdicke 12 mm; Außendurchmesser 70 mm; Lochkreis 50 mm; Mittelbohrung 20 mm; 8 Bohrungen 10 mm.

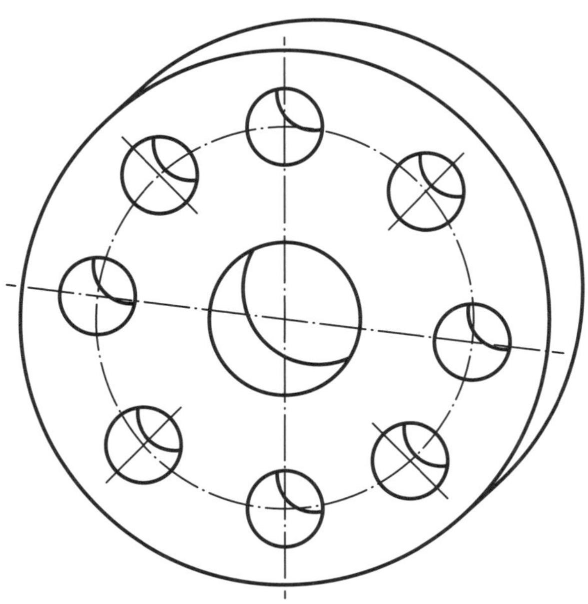

Lochscheibe S235JRC+C 1:1

2 Frästeile
Normalprojektion

EUROPA LEHRMITTEL

2.1 Prisma mit Zapfen

Zeichnen Sie aus der vorgegebenen Vorderansicht und Seitenansicht die Draufsicht und die isometrische Darstellung. Die Maße sind der Ansichtsdarstellung zu entnehmen.

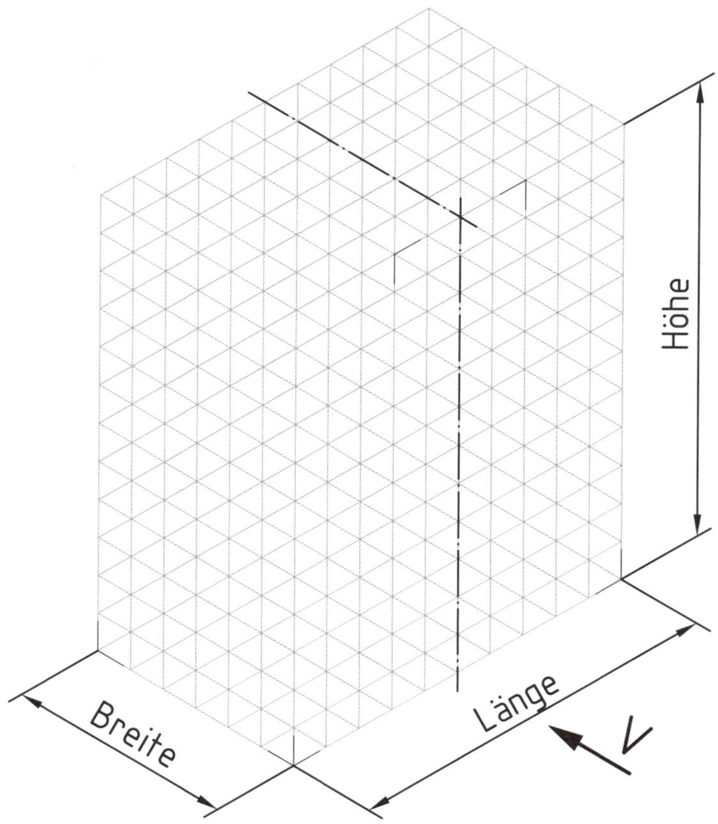

Prisma mit Zapfen S235JR

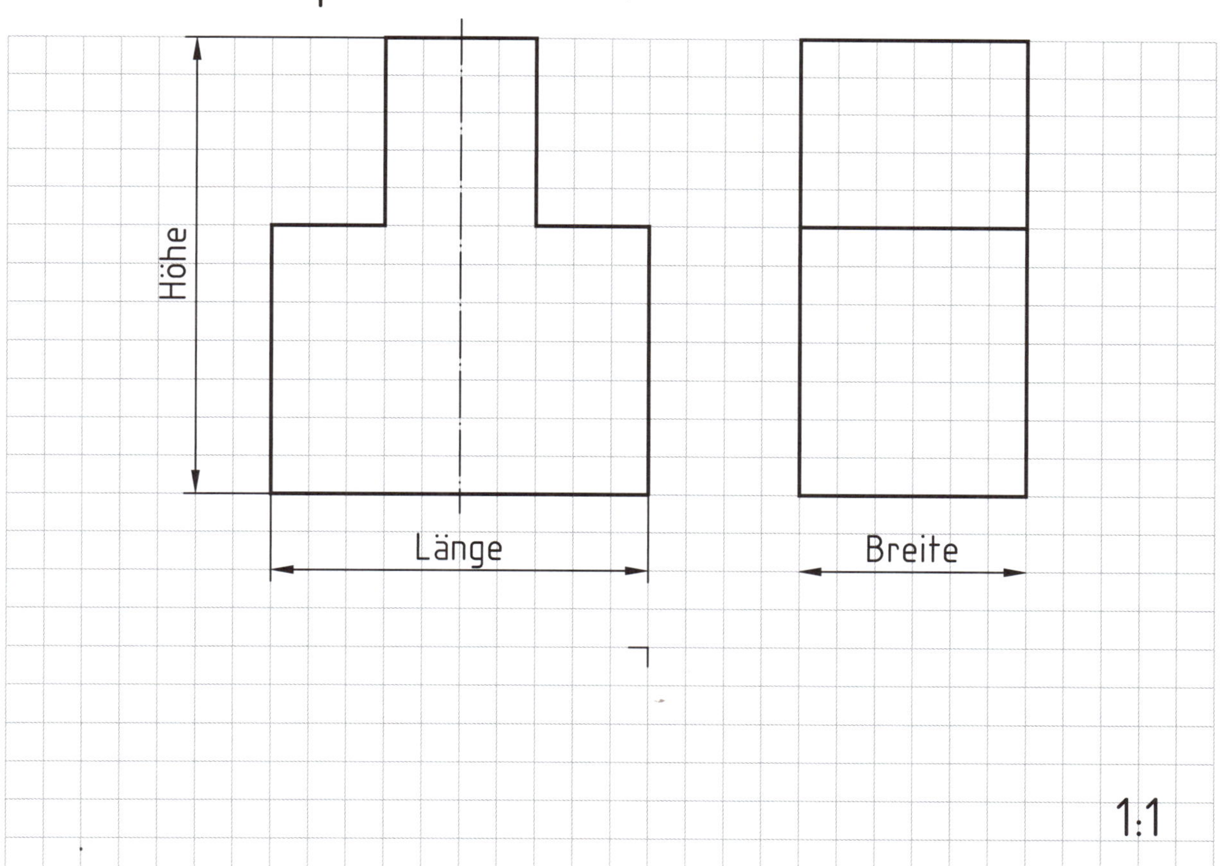

Name: Klasse: Datum:

2 Frästeile

Normalprojektion

2.2 Prisma mit Absatz und Nut

a) Zeichnen Sie die Seitenansicht von links. Der Absatz ist rechtwinklig ausgefräst.

b) Erstellen Sie die isometrische Darstellung des Prismas.

c) Legen Sie für alle Oberflächen eine *Rz*-Obergrenze von 25 µm fest.

Prisma mit Absatz und Nut S275JR

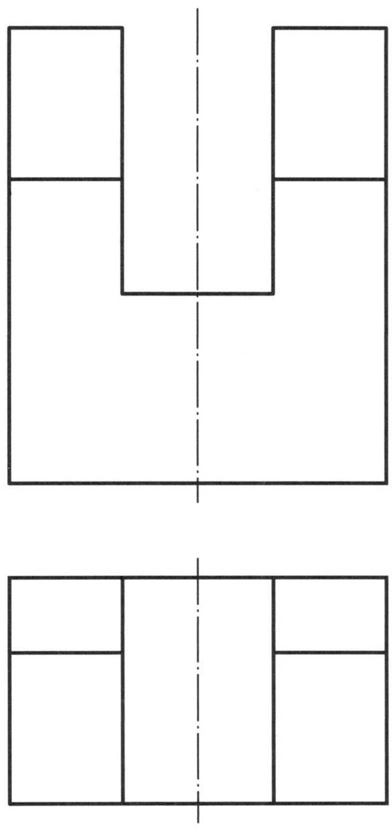

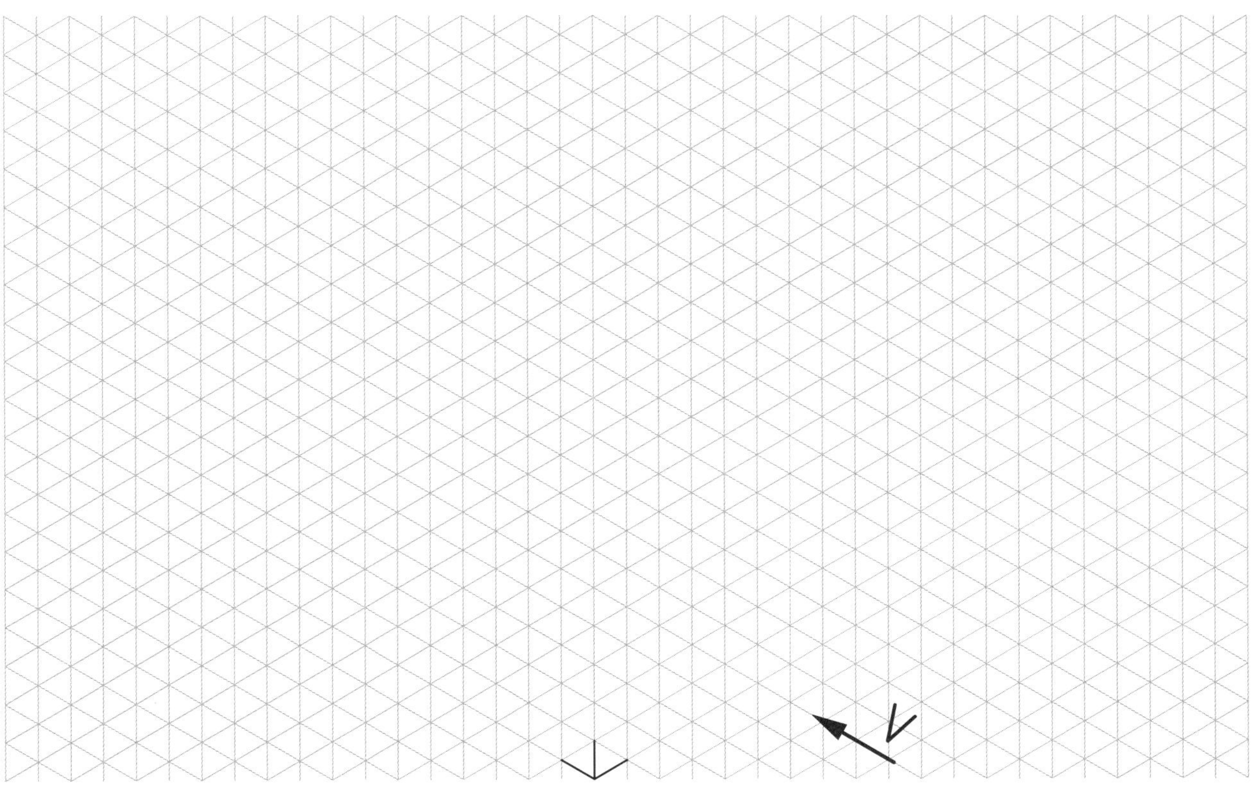

2.3 Kolbenführung
Zeichnen Sie die Vorderansicht und die Draufsicht der Kolbenführung. Bemaßen Sie die Teilzeichnung nach den Vorgaben in der Isometrie (Bohrungen durchgehend).

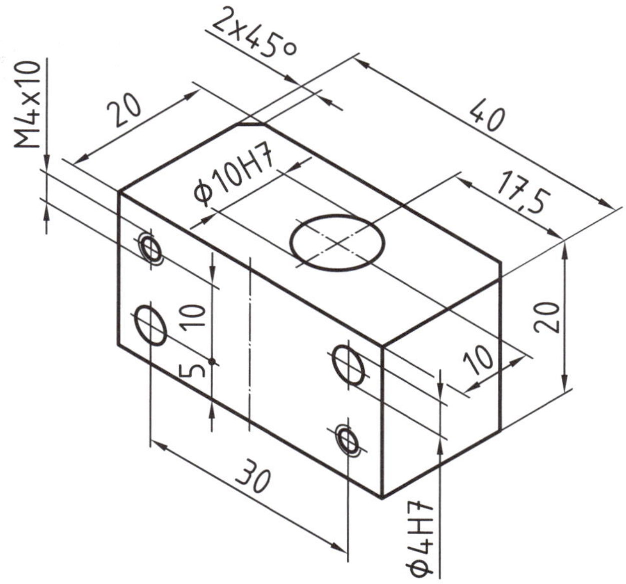

Kolbenführung S235JRC+C 1:1

Name: Klasse: Datum:

2 Frästeile

Oberflächen- und Toleranzangaben

EUROPA LEHRMITTEL

2.4 Maßlehre

Die im Maßstab 1:2 gezeichnete Lehre ist unten ohne Maße und ohne Toleranz- und Oberflächenangaben im Maßstab 1:1 gezeichnet. Tragen Sie Maße, Toleranzen und Oberflächenangaben normgerecht wie folgt ein:

a) Das Nennmaß 50 erhält ein oberes Grenzabmaß von +0,2 mm und ein unteres Grenzabmaß von 0 mm.

b) Das Nennmaß 75 erhält ein oberes Grenzabmaß von +0,1 mm und ein unteres Grenzabmaß von –0,2 mm.

c) Die Bohrung ø25 erhält das Grundabmaß H und den Toleranzgrad 7.

d) Die Nutbreite 40 erhält das Grundabmaß H und den Toleranzgrad 6.

e) Die Breite 86 erhält das Grundabmaß e und den Toleranzgrad 8.

f) Für alle anderen Maße gelten die Allgemeintoleranzen nach DIN ISO 2768 mit der Toleranzklasse mittel.

g) Die spanend bearbeiteten Passflächen erhalten eine *Rz*-Obergrenze von 6,3 µm.

h) Alle anderen Flächen sind ebenfalls spanend bearbeitet und erhalten eine *Rz*-Obergrenze von 16 µm.

Lehre S235JRC+C

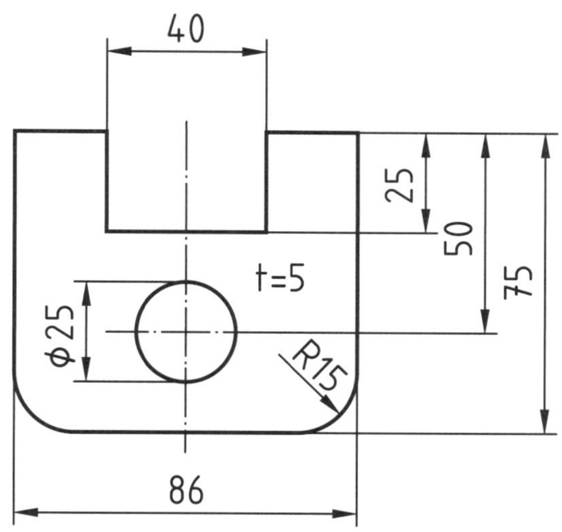

1:2

Lehre S235JRC+C 1:1

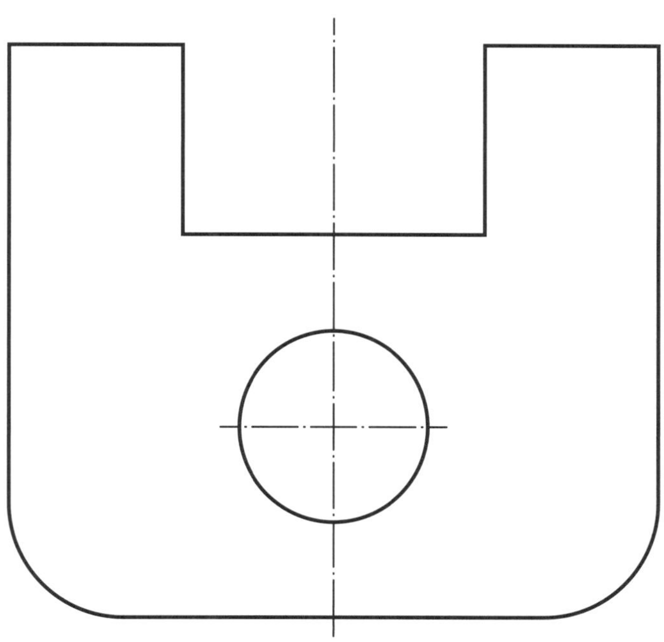

ISO 2768-m

2.5 Prisma

a) Zeichnen Sie die Vorderansicht, die Seitenansicht von links und die Draufsicht im Maßstab 1:1 und tragen Sie die Maße normgerecht ein. Die Nut darf höchstens 0,3 mm und muss mindestens 0,1 mm breiter sein als das angegebene Maß.

b) Stellen Sie das Prisma in einer Isometrie dar.

Allgemeintoleranzen nach DIN ISO 2768-mittel, *Rz*-Obergrenze für die Seitenflächen der Nut 16 µm, für alle übrigen Flächen 25 µm. Das Prisma wird spanend hergestellt.

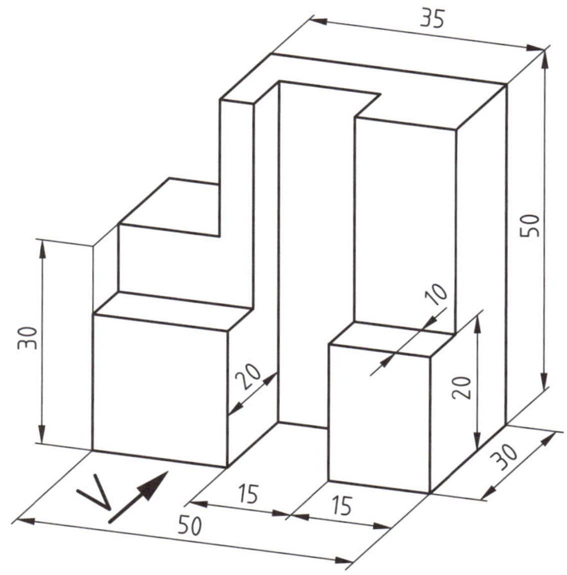

Prisma C10E

2 Frästeile
Normalprojektion

2.6 Gleitstück

a) Zeichnen Sie zu den gegebenen Ansichten die Draufsicht und ergänzen Sie, wenn notwendig vorhandene Ansichten.

b) Außerdem ist die isometrische Darstellung des Gleitstücks zu zeichnen.

Die *Rz*-Obergrenze beträgt für alle Flächen 25 µm.

Allgemeintoleranzen nach DIN ISO 2768-mittel.

Gleitstück E335 1:1

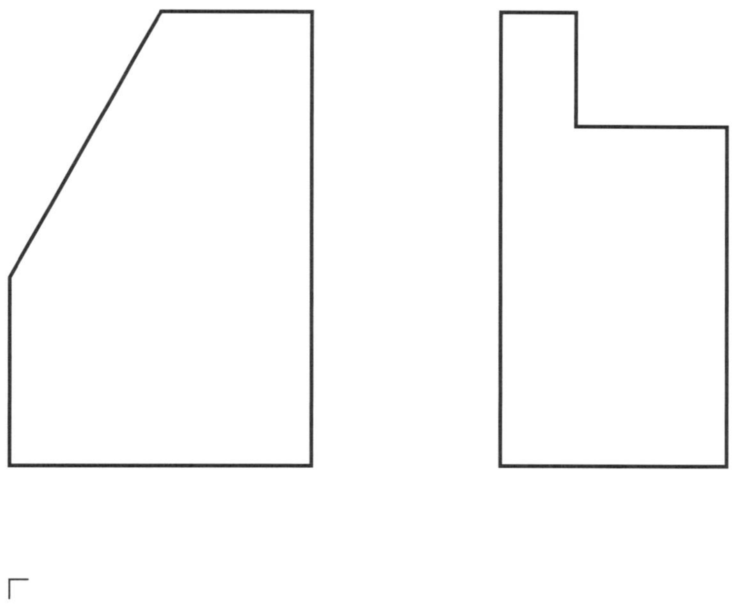

2.7 Profilstück

Für das dargestellte Profilstück aus EN AW-AlSi1MgMn ist eine Fertigungszeichnung zu erstellen. Das Grundprofil 50 × 30 × 4 ist scharfkantig gezogen.

Zeichnen Sie das Werkstück in Vorderansicht (Pfeilrichtung), Seitenansicht von links und Draufsicht. In der Vorderansicht soll der Steg unten, die Fase auf der linken Seite liegen.

Das Werkstück ist normgerecht zu bemaßen. Die *Rz*-Obergrenze beträgt für alle spanend bearbeiteten Flächen 25 µm.

Allgemeintoleranzen nach DIN ISO 2768-mittel.

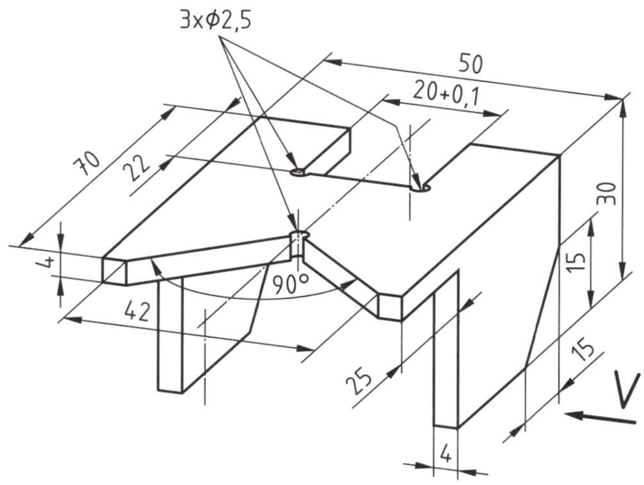

Name: Klasse: Datum:

EUROPA LEHRMITTEL

2.8 Profilstück

Für das auf Blatt 14 gezeichnete Profilstück EN AW-AlSi1MgMn ist ein Fertigungsplan zu erstellen. Das Grundprofil 50 × 30 × 4 ist scharfkantig gezogen. Außer den üblichen Messzeugen stehen folgende Werkzeuge, Maschinen und Hilfsmittel zur Verfügung:
Feilen, Spiralbohrer, Trennstemmer, Bügelsäge, Tischbohrmaschine, Anreißwerkzeuge.
Die Drehzahlen der Tischbohrmaschine sind stufenlos einstellbar; maximale Drehzahl: 2800/min (Schnittgeschwindigkeit nach Tabellenbuch).

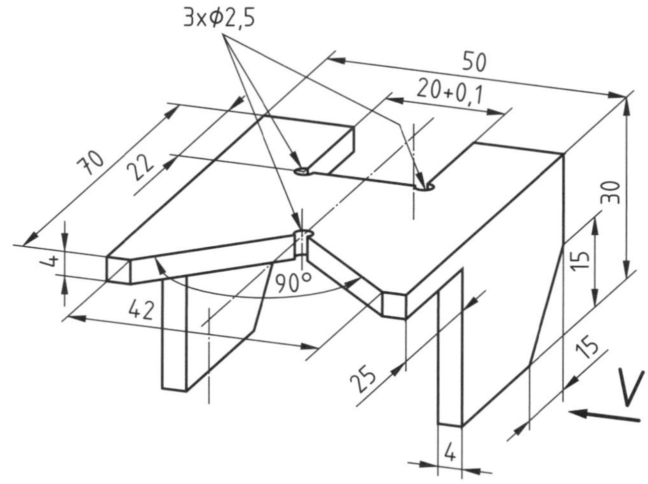

Fertigungsplan

Nr.	Beschreibung des Fertigungsschrittes	Benötigt werden
	(Fortsetzung ggf. auf der Rückseite, falls erforderlich)	

2.9 Spannoberteil (Pos. 2)

Zeichnen Sie die Seitenansicht im Vollschnitt (A-A) und bemaßen Sie Vorder- und Seitenansicht.

Vorgaben:

- Außenmaße 100 × 70 × 20 mm
- Prisma 90°, 5 mm tief
- Abstand Prismen 45 ± 0,1 mm
- Bohrungsabstand von außen 20 mm, Mittenabstand 60 mm, ⌀11 mm
- Senkungen für Feder ⌀18 mm, 10 mm tief
- Oberflächengüte Prismenflächen *Rz* 25
- Alle anderen Flächen *Rz* 100
- Maße ohne spezielle Toleranzangaben nach Allgemeintoleranzen DIN ISO 2768, Toleranzklasse mittel
- Werkstoff: unlegierter Kaltarbeitsstahl C70U.

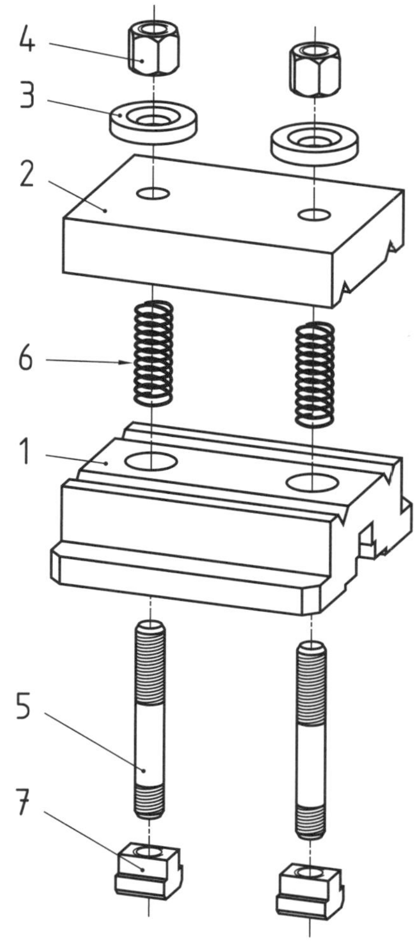

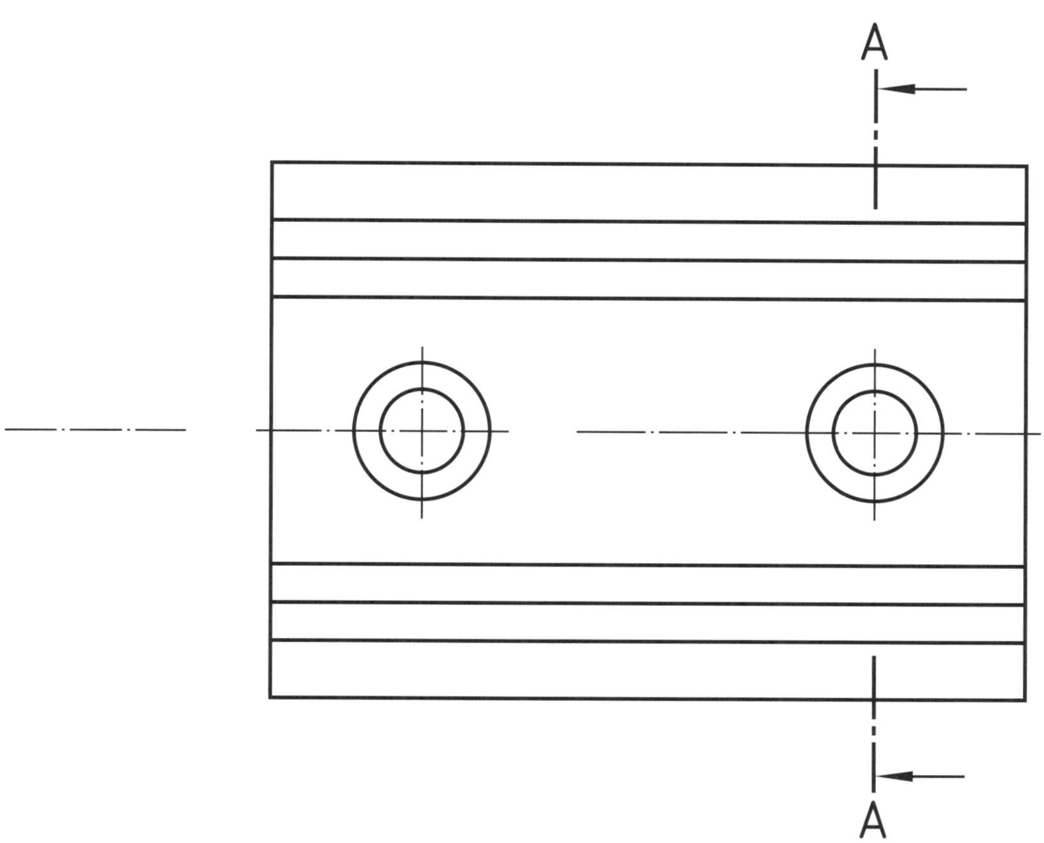

2 Frästeile

Schnittdarstellung

2.10 Grundplatte

Zeichnen Sie die Vorderansicht der Grundplatte im Vollschnitt. Die mittlere Bohrung besitzt den Durchmesser ø12+0,1; die beiden äußeren Bohrungen sind nach ISO 15065 für zwei Senkschrauben M6 zu dimensionieren, Abstand der Bohrungen 80 mm.

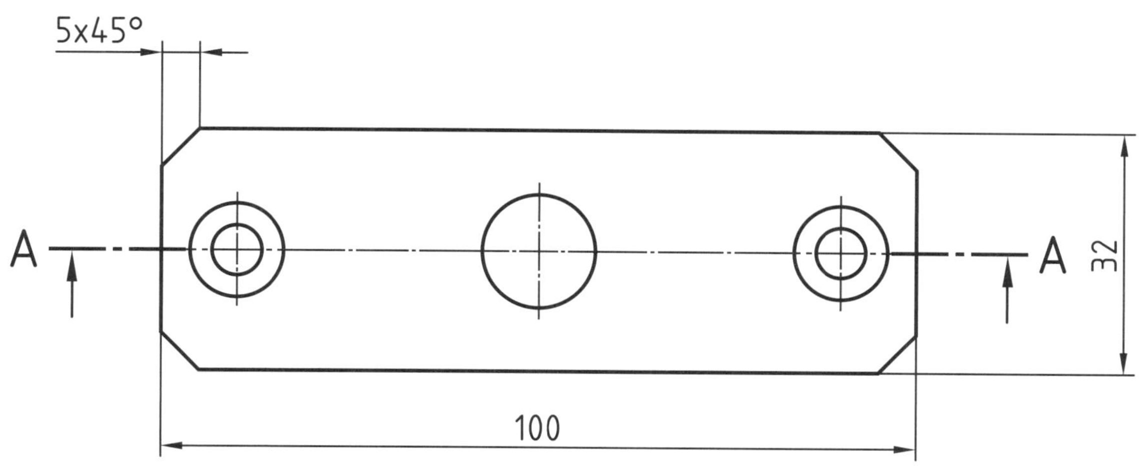

2.11 Riegel

Erstellen Sie die Seitenansicht des Riegels im Vollschnitt mit den fehlenden Maßen 42, 12, 5 mm und 15°.

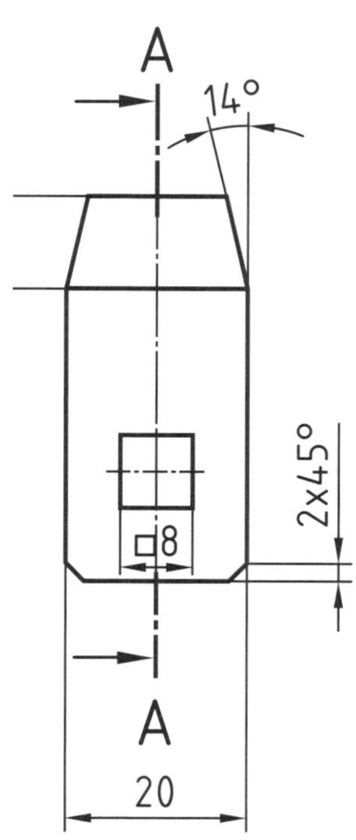

Name: Klasse: Datum:

3 Drehteile

Freistiche, Zentrierbohrung

3.1 Planen einer Dreharbeit

Für einen Bolzen aus dem Werkstoff 10SPb20 sollen eine Teilzeichnung und ein Fertigungsplan erstellt werden. Das angelieferte Rohteil hat die Maße Rd 40 × 103. Das Fertigmaß ist ø35 × 100. Für das Spannen zwischen Spitzen sind Zentrierbohrungen ISO 6411-A2/4,25 anzubringen.

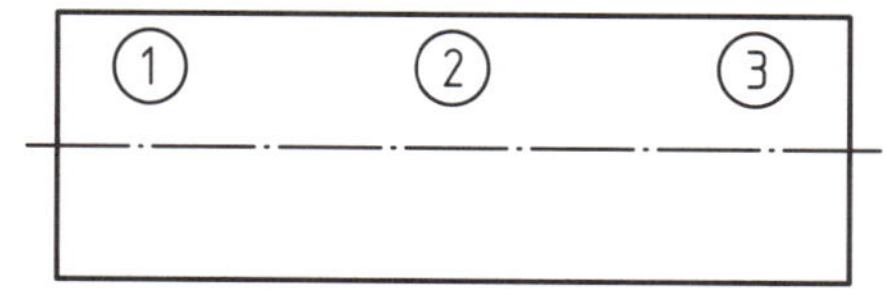

a) Fertigen Sie eine Teilzeichnung des Werkstückes mit vollständiger, fertigungsbezogener Maßeintragung:
   ① Der Bolzenkopf hat die Maße ø35 × 15 und ist an der linken Seite mit einer Fase 5 × 45° versehen.
   ② Der mittlere Bolzenteil hat die Maße ø25 × 45; den Übergang zum Kopf bildet ein Freistich DIN 509 Form E.
   ③ Der rechte Bolzenteil hat die Maße ø15 × 40; zum Mittelteil ist ein Übergangsradius R2 zu bilden. Am rechten Bolzenende ist eine Fase 2,5 × 45° anzudrehen.
   Alle Oberflächen sind spanend mit *Rz*-Obergrenze 16 µm zu bearbeiten.
   Allgemeintoleranzen nach DIN ISO 2768-mittel.
b) Erstellen Sie einen Fertigungsplan für die Dreharbeit (gestufte Drehzahlen, n_{max} = 3550 1/min).

Fertigungsplan

Werkstück: Bolzen **Werkstoff:** 10SPb20		**Teil-Nr.:** 24-2714-0042 **Anzahl:** 1			
Fertigungsschritt	**Beschreibung**	v_c m/min	*n* 1/min	*f* mm	**Spannmittel Werkzeug**

Name: Klasse: Datum:

3 Drehteile

Zylinderschnitt, Schlüsselflächen

3.2 Klauenbolzen

a) Ergänzen Sie die Vorderansicht und zeichnen Sie die Draufsicht.

b) Zeichnen Sie die Einzelheit Z (Freistich DIN 509, Form E) im Maßstab 10:1.

c) Tragen Sie alle Maße und Oberflächenangaben ein. Schlüsselweite Höchstmaß 36 mm, Mindestmaß 35,75 mm; Nutbreite Höchstmaß 15,2 mm, Mindestmaß 15 mm; Rundungen und Fase 2,5 mm, alle übrigen Maße sind durch 5 teilbar. Schlüsselweite und Nutbreite: *Rz*-Obergrenze 16 µm, alle übrigen Flächen 100 µm; DIN ISO 2768-mittel.

Der Klauenbolzen wird spanend gefertigt.

Klauenbolzen 17Cr3+A 1:1

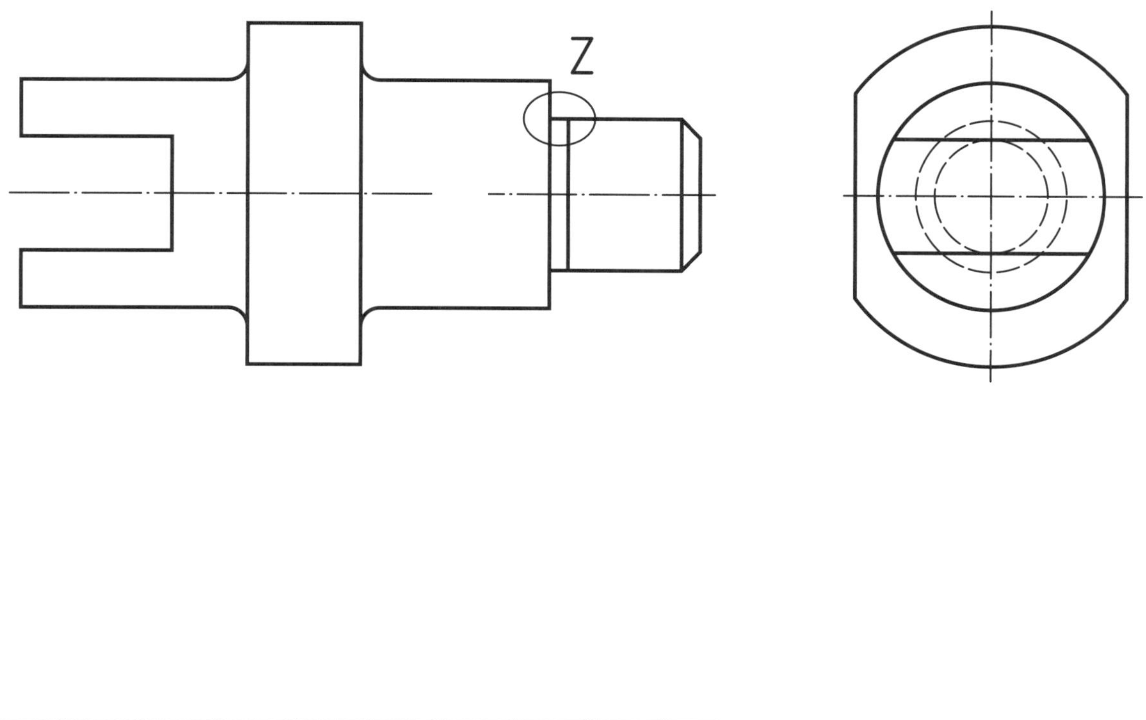

Name: Klasse: Datum:

3 Drehteile

Vierkant, Exzenter

3.3 Exzenterwelle

a) Zeichnen Sie den Exzenter in 3 Ansichten im Maßstab 1:1 mit vollständiger Maßeintragung. Freistiche DIN 509, Form E, Größe nach Tabelle. Die Zentrierungen für Welle und Exzenter werden nach DIN ISO 6411, Form A, Größe 2 × 4,25 gefertigt und müssen am Fertigteil verbleiben. Der Exzenter-Durchmesser 25 ist mindestens 15 mm und höchstens 15,1 mm lang; er erhält die Toleranz h6. Alle übrigen Maße erhalten Allgemeintoleranzen nach DIN ISO 2768-mittel.

b) Tragen Sie die Oberflächenangaben ein:

Rz-Obergrenze ø25: 6,3 µm; Vierkant: 6,3 µm; alle übrigen Flächen 25 µm.

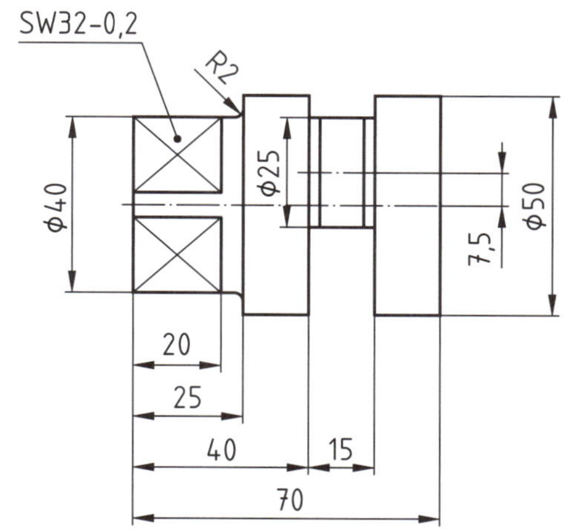

Exzenter 17Cr3 1:1

3 Drehteile

Rändel, Detailansicht, Gewinde

3.4 Antriebsrad

a) Vervollständigen Sie die Gewindedarstellungen, Einzelheit Z. Innengewinde M5 × 7/11.

b) Zeichnen Sie den vollständigen Schnitt A-A. Vierkant 7 mm, Toleranz 0 bis –0,1 mm Drehdurchmesser für Vierkant 9,3 bis 9,5.

c) Tragen Sie den Hinweis auf die Allgemeintoleranzen nach DIN ISO 2768-mittel ein.

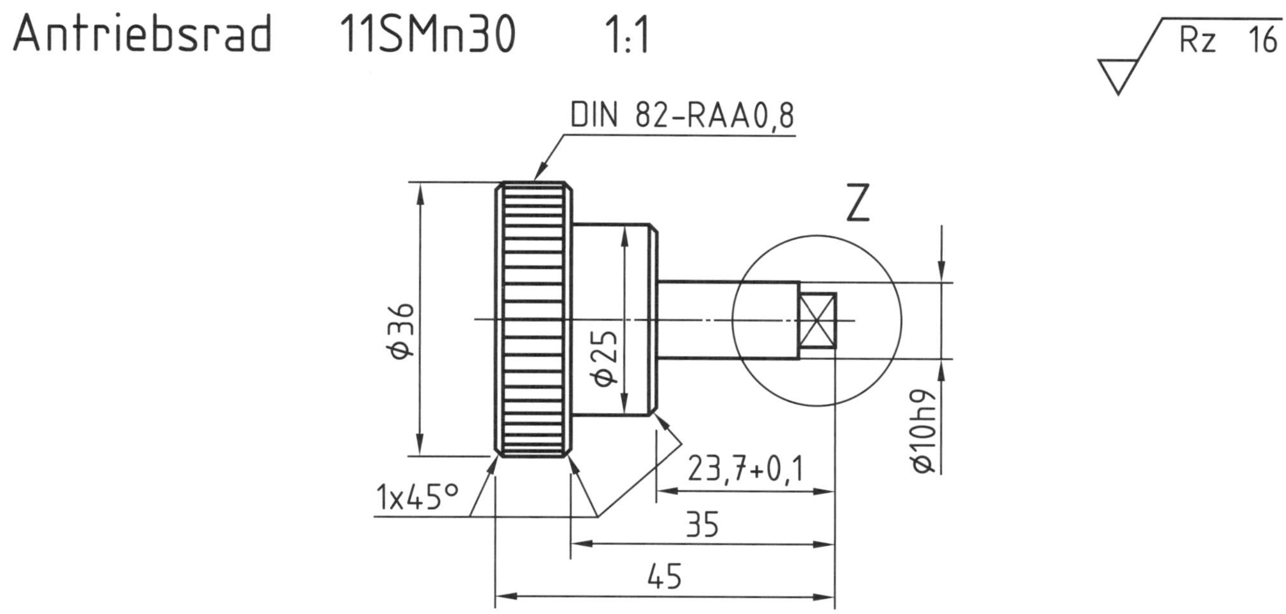

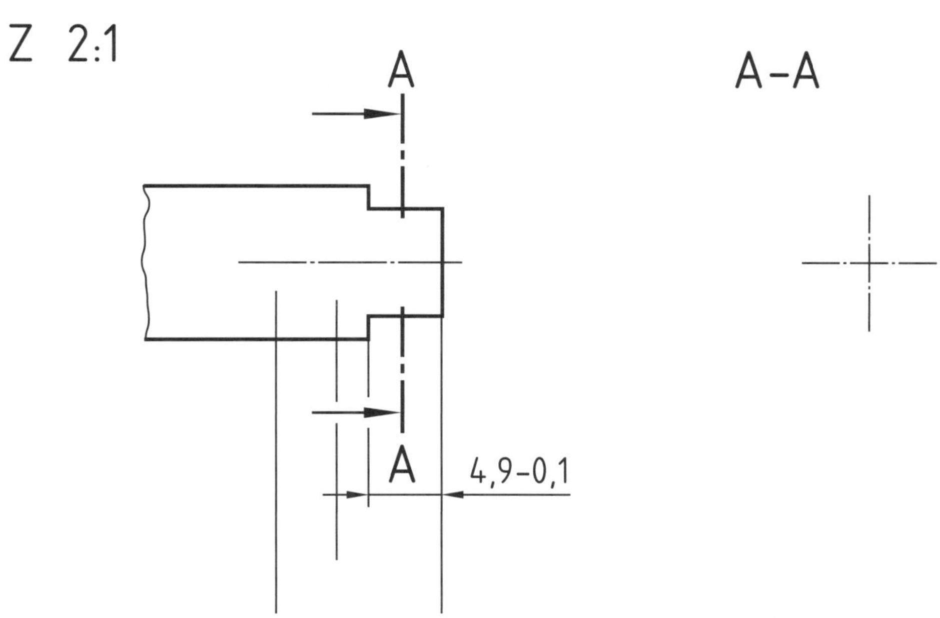

Name: Klasse: Datum:

4 Schnittdarstellungen
Teilschnitt

4.1 Führungsteil

Von dem Führungsteil sind die Vorderansicht und die Draufsicht im Maßstab 1:1 zu zeichnen. Die Seitenansicht von rechts im Teilschnitt ist nach der Pfeilmethode zu kennzeichnen und rechts von der Vorderansicht zu zeichnen. Der Teilschnitt ist so zu gestalten, dass die beiden Durchbrüche im Schnitt erscheinen und die Rechtecks- bzw. Dreiecksform der Erhebungen erkennbar bleibt. Verdeckte Kanten müssen nicht gezeichnet werden. Beide Durchbrüche sind in der Mitte des Werkstückes.
Das Werkstück ist normgerecht zu bemaßen. Das Führungsteil wird spanend hergestellt. Für den *Rz*-Wert ist als Obergrenze 16 µm vorzusehen.
Allgemeintoleranzen nach DIN ISO 2768-mittel.

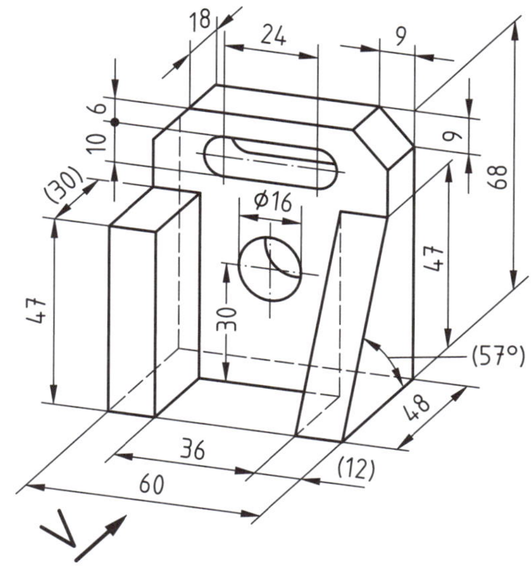

Führungsteil E335 1:1

EUROPA LEHRMITTEL

4.2 Spannklaue

Von der Spannklaue sind die Draufsicht und die Seitenansicht im Maßstab 1:1 gegeben.
Zeichnen Sie die dazugehörige Vorderansicht im Schnitt und tragen Sie die Maße normgerecht ein!
Rundungen R2; Herstellverfahren spanend; Oberflächen *Rz* ≤ 16 µm; Allgemeintoleranzen nach DIN ISO 2768-mittel.

Spannklaue C45E+QT 1:1

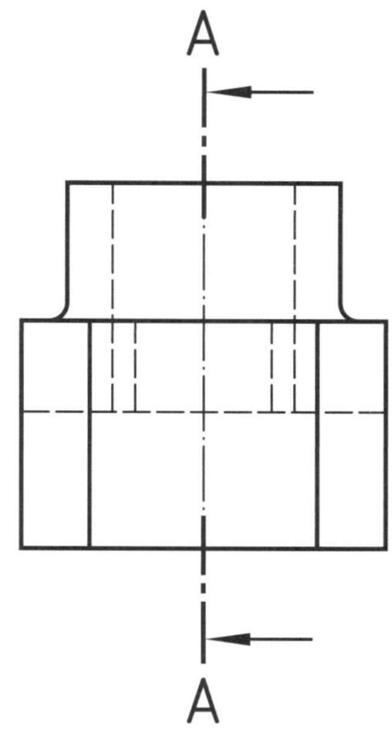

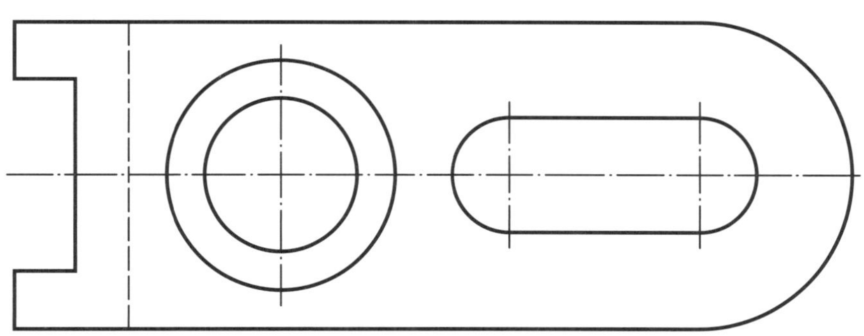

4 Schnittdarstellungen

Abgewinkelte Schnittebene

4.3 Flansch

Ergänzen Sie die Vorderansicht als abgewinkelten Schnitt (A-A) zur vorgegebenen Draufsicht und mit den angegebenen Maßen.

- Die Gesamthöhe des Flansch aus 11SMn30 beträgt 60 mm
- Senkungen an beiden Stirnseiten ø30 × 10 mm
- Durchgangsbohrung ø20H7
- Außendurchmesser Absatz ø50 × 25 mm
- 3 Bohrungen ø9H11 (Lochkreis ø70)
- Übergangsradien Außenkontur R2,5 mm
- Flanschdicke t = 12 mm
- Übergangsdurchmesser 40 mm
- Allgemeintoleranzen nach DIN ISO 2768-m

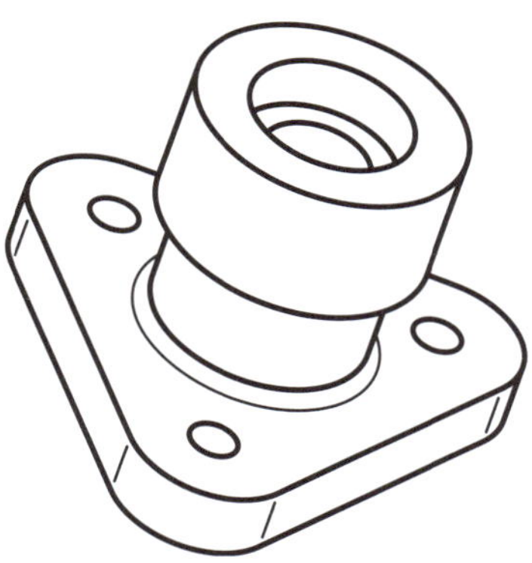

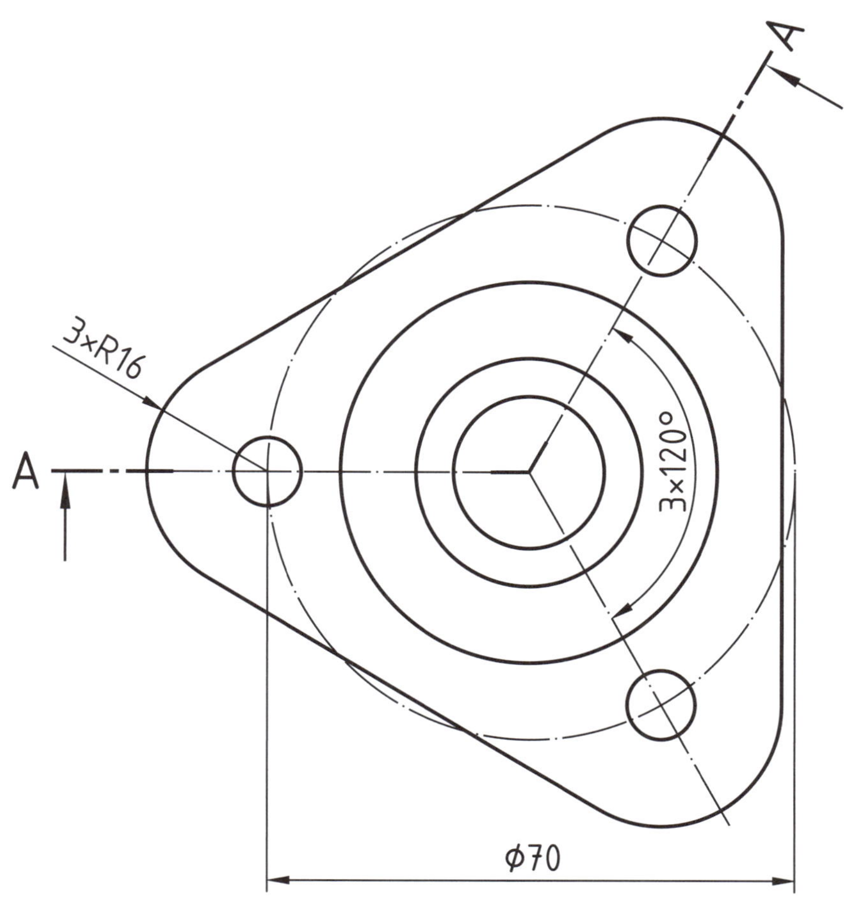

Name: Klasse: Datum:

4 Schnittdarstellungen

Abgesetzter Schnittverlauf

EUROPA LEHRMITTEL

4.4 Grundplatte Pumpenmodell

a) Zeichnen Sie zu der gegebenen Draufsicht die Vorderansicht (A-A) als abgesetzter Schnitt. Erforderliche Bohrungsmaße entnehmen Sie der Fachliteratur und Tabellen.

Verbindungselement	Durchgangsbohrung ø	Senkung ø	Senkungstiefe
Zylinderschraube ISO 4762-M4x12			
Zylinderkerbstift ISO 8740-4x20			

– Werkstückdicke 10h11, Durchgangsbohrung ø11H7

– alle Flächen Rz = 25 µm, lange Stirnseiten im Anlieferungszustand, Werkstoff S235JRC+C

b) Erstelalen Sie eine Grenzabmaßtabelle für die Passmaße und ergänzen Sie durch den Hinweis auf die Allgemeintoleranzen DIN ISO 2768, Toleranzklasse mittel.

1:1

A–A

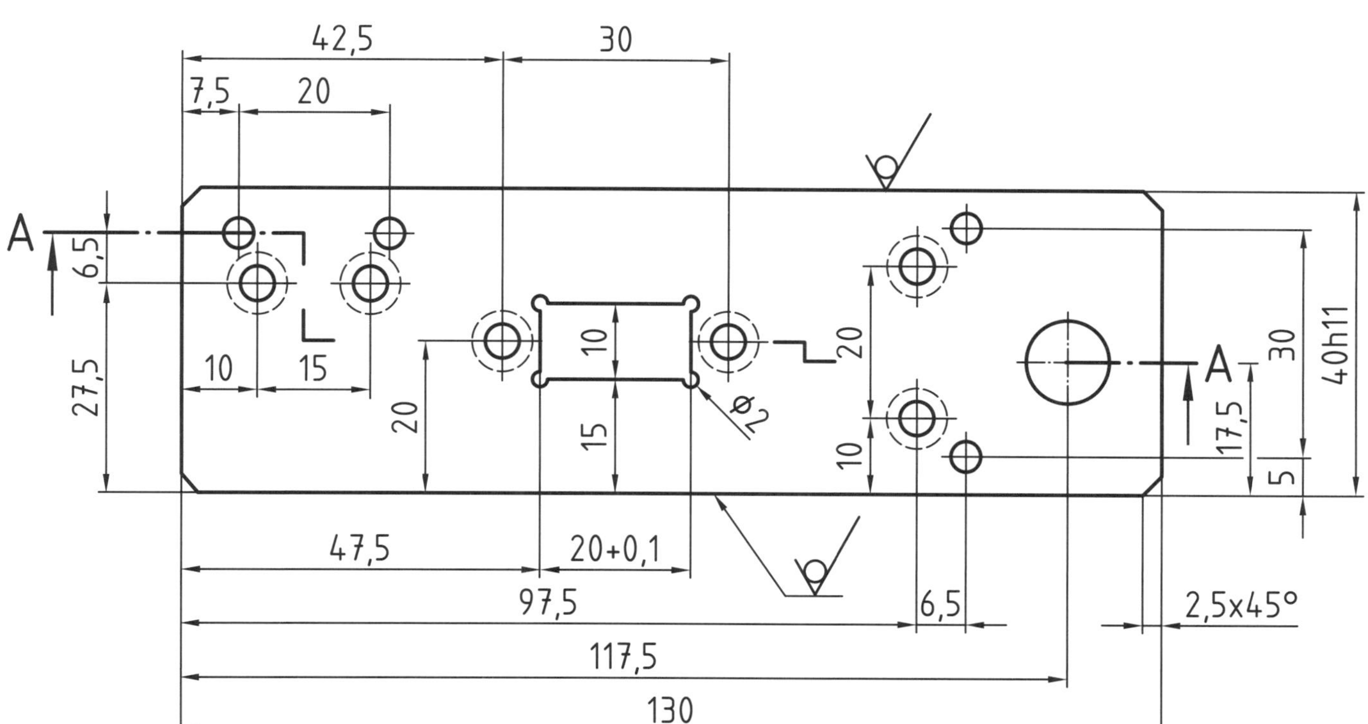

Passmaß	Grenz-abmaß	Passmaß	Grenz-abmaß	Passmaß	Grenz-abmaß

4 Schnittdarstellungen

Halbschnitt

4.5 Hohlwelle

Für die dargestellte Hohlwelle aus 16MnCr5 ist eine Fertigungszeichnung zu erstellen.
Zeichnen Sie die Vorderansicht des Werkstücks als Halbschnitt im Maßstab 1:1 und bemaßen Sie das Werkstück normgerecht.
Die *Rz*-Obergrenze der Passungsdurchmesser beträgt 6,3 µm. Alle übrigen Flächen dürfen einen *Rz*-Wert ≤ 25 µm aufweisen.
Die Freistiche an den Passdurchmessern nach DIN 509, Form F sind durch eine Sammelangabe zu bemaßen.
Die Abmessungen der Fasen und Übergangsradien sind selbständig festzulegen. Allgemeintoleranzen nach ISO 2768-mittel.

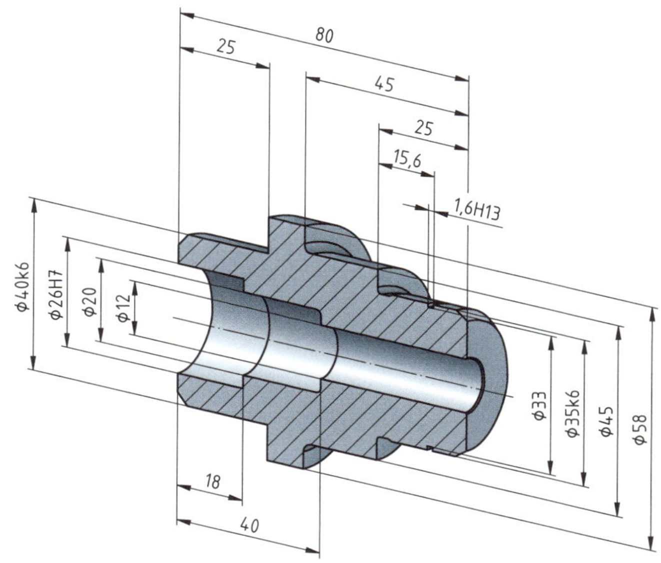

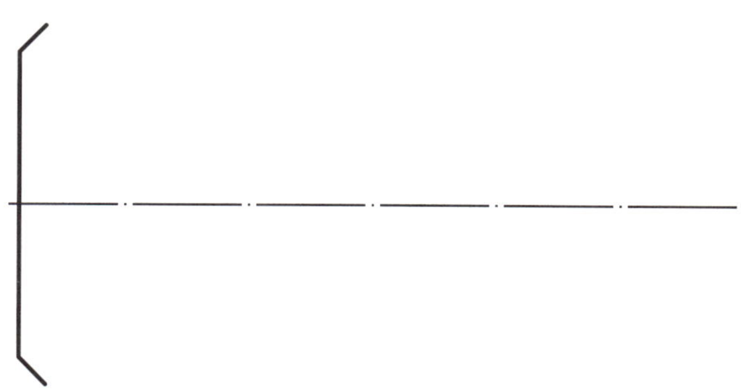

4.6 Führung, Verstellbarer Anschlag

Erstellen Sie die Teilzeichnung für die Führung (Pos. 2) in drei Ansichten mit folgenden Schnitten:

- Stirnseitige Gewindebohrungen im Teilschnitt.
- Seitenansicht von links nach Schnittverlauf A-A.

(Bemaßung der Bohrung mit den Tabellenbuchwerten, Aufgabe 5.5, Blatt 30)

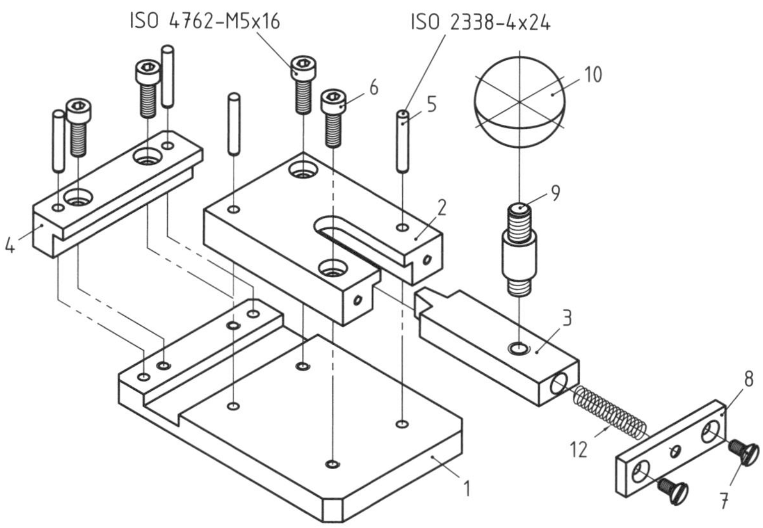

Führung S235JRC+C 1:1

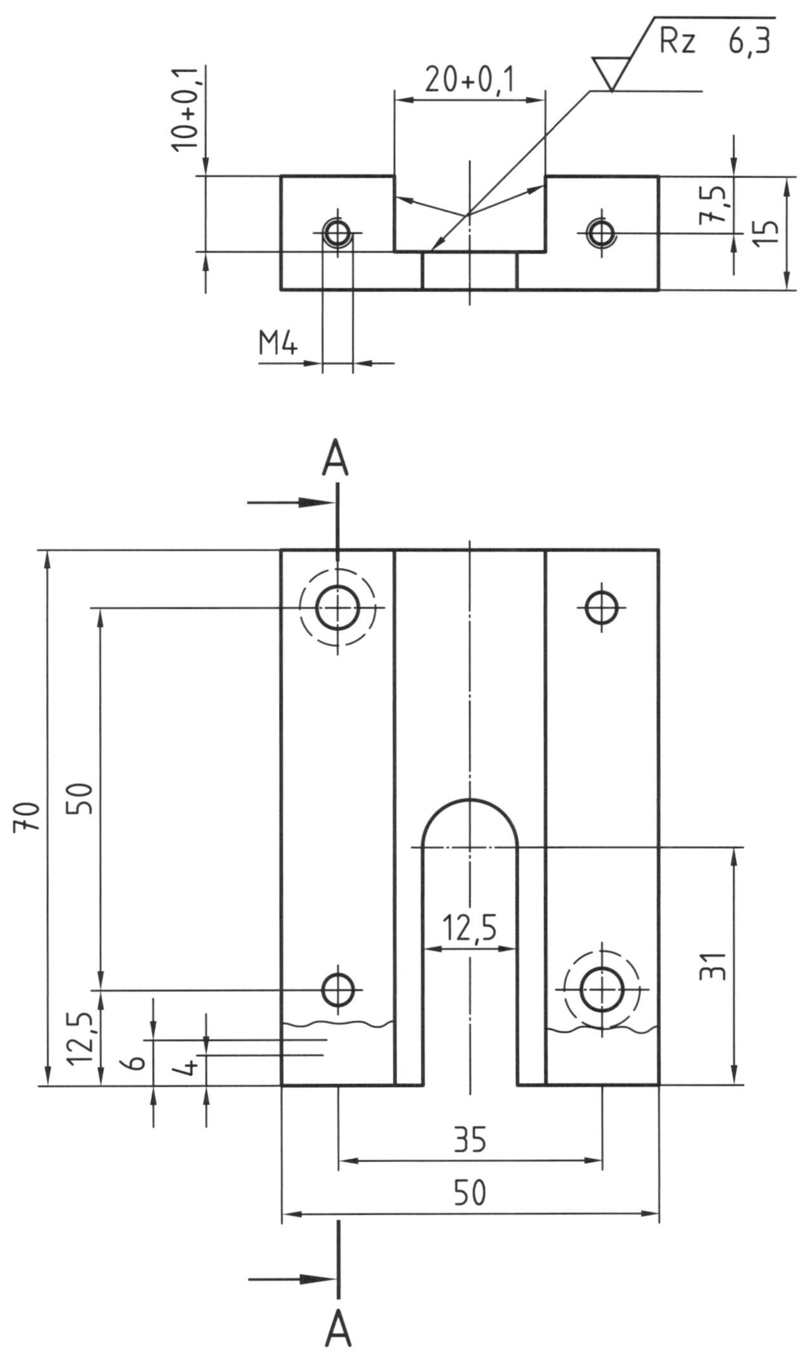

Rz 25 (Rz 6,3)

ISO 2768-m

4.7 Schnittdarstellungen
Ergänzen Sie die Schnittdarstellung für die verschiedenen Verbindungen und den Lagerbock.

a) Stiftverbindung

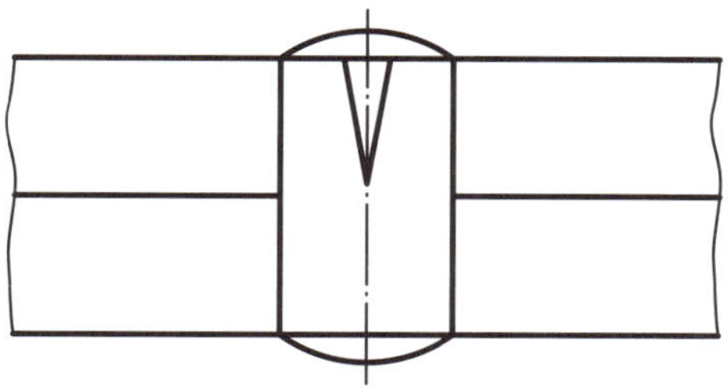

b) Nietverbindung

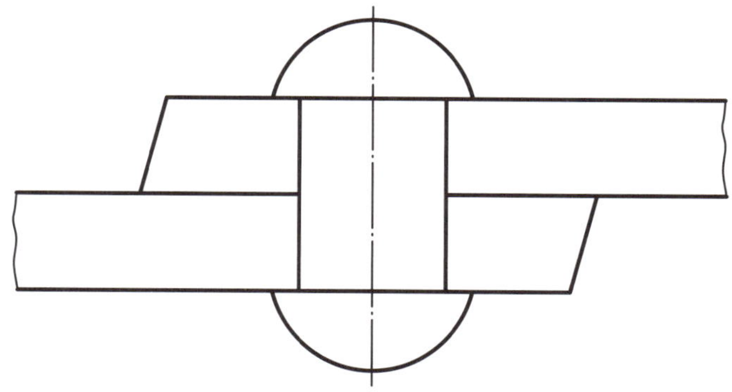

c) Passfederverbindung

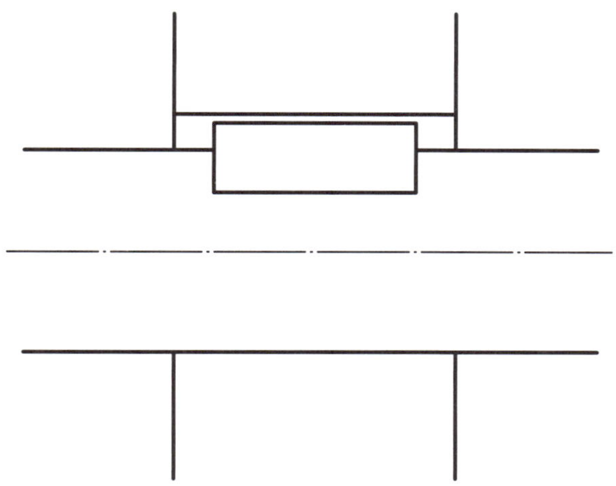

d) Kegelstiftverbindung

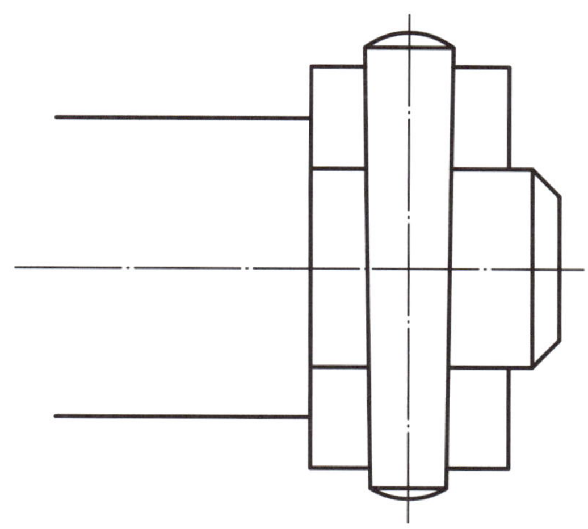

e) Lagerbock

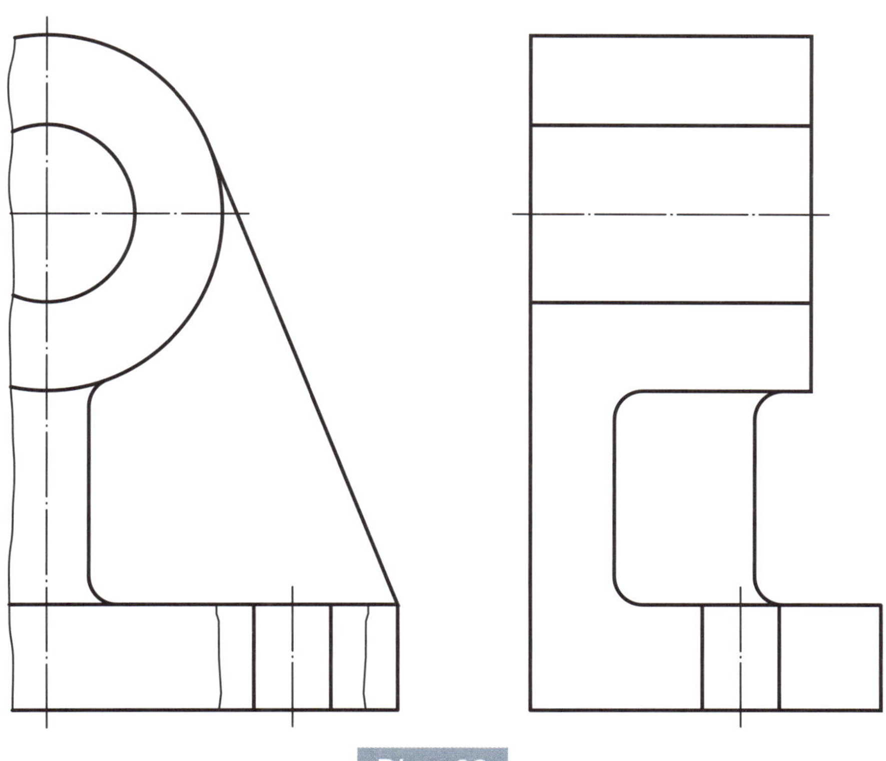

Name: Klasse: Datum:

5 Gewindedarstellung und Schrauben

Bolzen- und Muttergewinde

EUROPA LEHRMITTEL

5.1 Gewindebohrung
Zeichnen Sie eine Platte 50 × 50 × 20 mm mit einer durchgehenden Gewindebohrung M36 in zwei Ansichten (Seitenansicht im Schnitt) und bemaßen Sie das Gewinde.

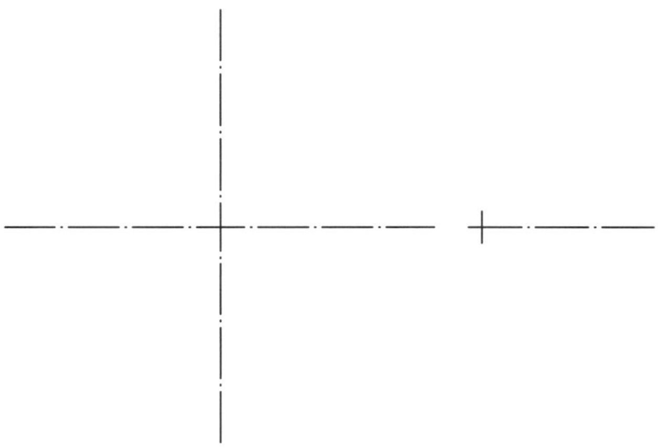

5.2 Gewindebohrung
Zeichnen Sie in das abgebrochen dargestellte Werkstück ein Innengewinde M24 im Schnitt und bemaßen Sie das Gewinde (nutzbare Gewindelänge: 30 mm) und die Länge der Grundlochbohrung (Regelfall).

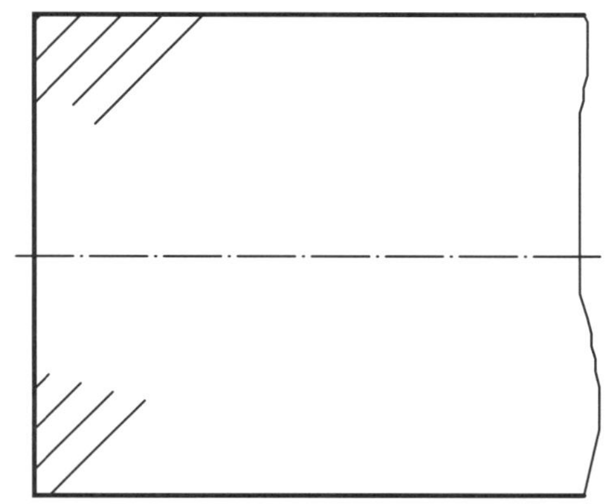

5.3 Gewindebolzen
Zeichnen Sie einen Gewindebolzen M30 in Vorderansicht (Bolzen auf der rechten Seite abgebrochen darstellen) und Seitenansicht und tragen Sie die Maße für das Gewinde ein. Die nutzbare Gewindelänge soll 30 mm betragen.

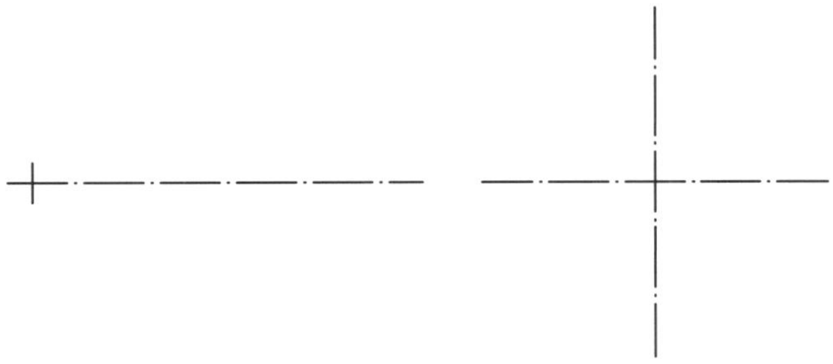

5.4 Vereinfachte Darstellung und Bemaßung von Gewinden, Bohrungen und Senkungen
Bemaßen Sie die vereinfacht dargestellten Gewinde, Bohrungen und Senkungen:

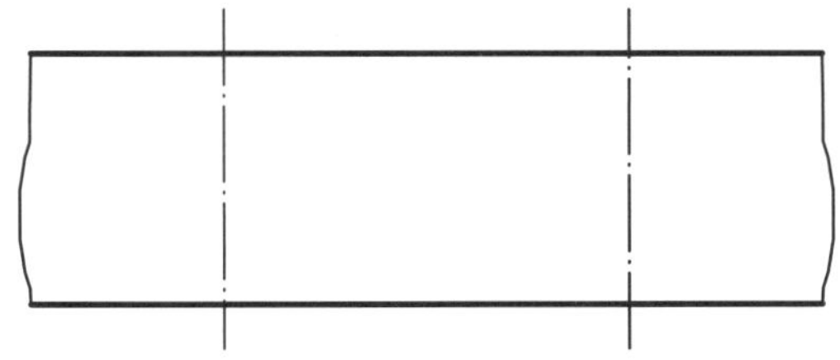

Gewindebohrung M4 von oben,
Gewindetiefe 10 mm.
Gewindegrundloch von unten :
Gewinde M5, 8 mm tief,
Grundloch 12 mm tief,
Kernlochdurchmesser 4,2 mm.

Name: Klasse: Datum:

5 Gewindedarstellung und Schrauben

Tabellenwerte für Gewinde, Schrauben und Senkungen

5.5 Verstellbarer Anschlag

Tragen Sie die Maße für die Schraubenverbindungen der Baugruppe in die Tabelle ein.

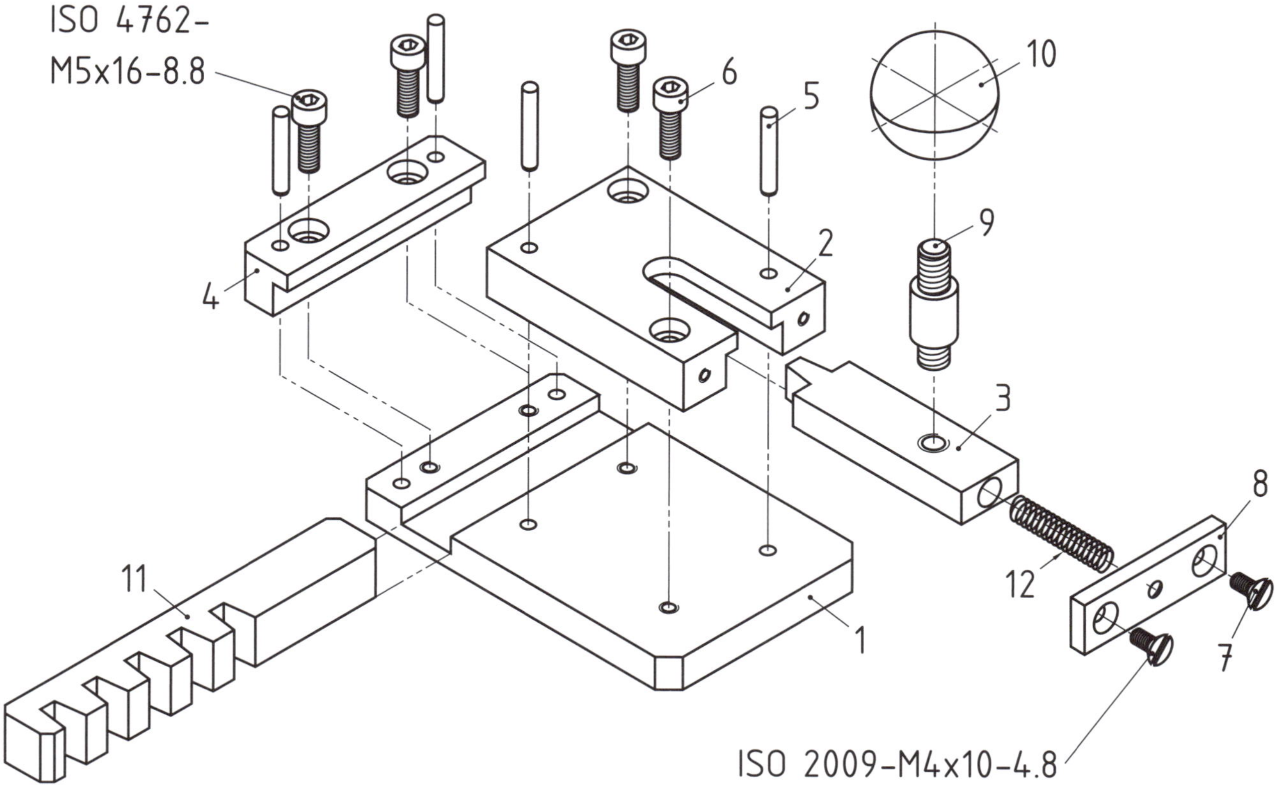

Teil	Formelement		Schraubenverbindung ISO 4762	Schraubenverbindung ISO 2009
Senkung	Senkungsnorm			
	Durchgangsloch-Durchmesser			
	Senkdurchmesser			
	Senktiefe			
Gewinde	Steigung P			
	Kernlochbohrer – Ø			
Schraube	Schraubenlänge	*l*		
	Gewindelänge	*b*		
	Kopfhöhe	*k*		
	Kopfdurchmesser	d_K		
	Schlüsselweite bzw. Kreuzschlitzgröße	*s* *K*		
	Normkurzbezeichnung der Schraube in der Stückliste			

Name: Klasse: Datum:

5.6 Schraubenverbindung mit Zylinderschraube ISO 4762

Zeichnen Sie im Maßstab 1:1 eine Verbindung von zwei Stahlblechen, die 30 und 45 mm dick und jeweils 75 mm breit sind. Die Verbindung soll in der Vorderansicht im Schnitt gezeichnet werden.

Das 30 mm dicke Blech erhält eine Durchgangsbohrung nach DIN EN 20273 mittel, das 45 mm dicke Blech ein Innengewinde mit 25 mm nutzbarer Gewindelänge. Der Grundlochüberhang ist DIN 76 zu entnehmen.

Verbindungsteil:
Zylinderschraube ISO 4762-M16 × 30-10.9

5.7 Blechverbindung mit Durchsteckschraube

Zeichnen Sie die Verbindung im Maßstab 1:1 mit einer Sechskantschraube ISO 4014-M16 × 65-8.8, Scheibe ISO 7090-16-300HV und Mutter ISO 4032-M16-8. Die Verbindung soll in der Vorderansicht im Schnitt dargestellt werden.

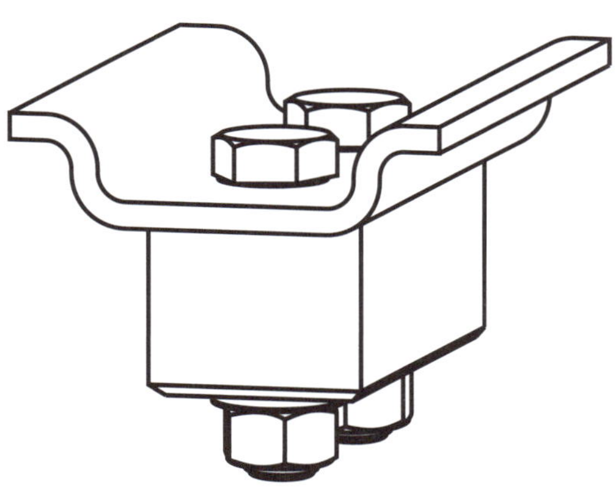

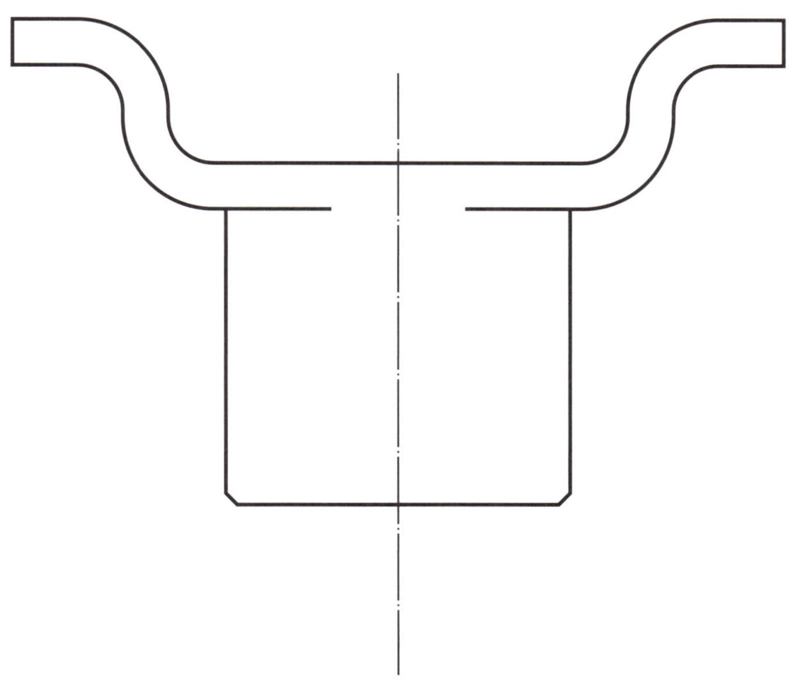

5 Gewindedarstellung und Schrauben

Außen- und Innengewinde, Gewindefreistich

EUROPA LEHRMITTEL

5.8 Kupplungsstück

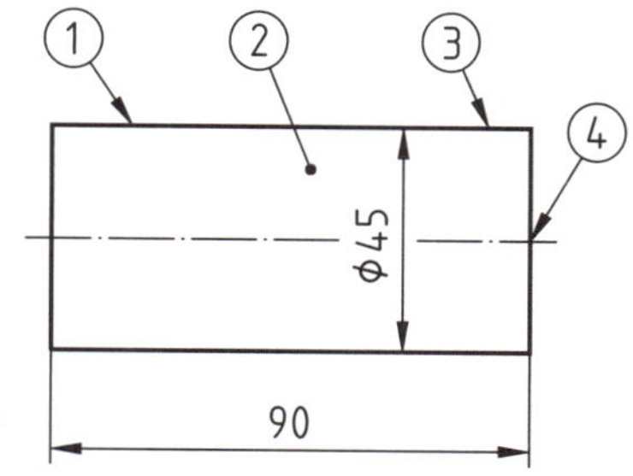

Zur Fertigung eines Kupplungsstücks aus einem Rundstahl 10S20 mit den Rohabmessungen Rd 45 × 90 soll eine technische Zeichnung nach folgendem Text erstellt werden. Zu zeichnen sind die Vorderansicht und die Seitenansicht von links. Außerdem sind die Gewindefreistiche im Maßstab 2:1, der Freistich DIN 509 im Maßstab 10:1 darzustellen.

① Auf der linken Seite des in Fertigungslage zu zeichnenden Werkstücks befindet sich ein Außengewinde M30, das einschließlich Gewindefreistich (DIN 76-A) 32 mm lang ist.

② Im Anschluss an das Gewinde sollen an den Außendurchmesser 45 mm zwei sich gegenüberliegende Flächen zum Einschrauben des Kupplungsstücks gefräst werden. Die Breite der Flächen beträgt 12 mm, die Schlüsselweite 36 mm (oberes Grenzabmaß 0, unteres Grenzabmaß -0,2 mm). Die Flächen sollen in der Vorderansicht parallel zur Zeichenebene liegen.

③ Auf der rechten Seite soll das insgesamt 85 mm lange Werkstück einen Durchmesser von 34 mm (oberes Grenzabmaß 0, unteres Grenzabmaß -0,1 mm) erhalten, der einschließlich Freistich (DIN 509-E) 28 mm lang ist. Dieser Durchmesser ist an der rechten Planfläche 1,6 × 45° anzufasen.

④ Von der rechten Seite her muss ein Innengewinde M 20 × 2 geschnitten werden, das einschließlich Gewindefreistich (DIN 76-C) 35 mm lang ist. Verdeckte Kanten dürfen für diese Darstellung nicht verwendet werden.

Das Kupplungsstück ist normgerecht zu bemaßen. Der Durchmesser 45 mm bleibt im Anlieferungszustand. Die *Rz*-Obergrenze betragen für den Durchmesser 34 mm 6,3 µm, für alle übrigen Flächen 16 µm.

Allgemeintoleranzen nach DIN ISO 2768-mittel.

Name: Klasse: Datum:

6 Gesamtzeichnung, Baugruppen

Darstellung, Stückliste, Positionsnummern

6.1 Prismenspanner

a) Ergänzen Sie die Normteilbezeichnungen in der Stückliste und die Positionsnummern in der Gesamtzeichnung

b) Zeichnen Sie Teil 3 des Prismenspanners im Maßstab 2:1 (Blatt 34).
Die Vorderansicht der Teilzeichnung soll der Seitenansicht der Gruppenzeichnung entsprechen; die Draufsicht soll im Schnitt dargestellt werden.

c) Tragen Sie funktionsgerechte Maße ein. Die Anschlussmaße für Normteile sind Tabellen zu entnehmen.
Allgemeintoleranzen DIN ISO 2768-mittel.
Die Bohrungen für die Führungsbolzen in den Teilen 1, 3 und 4 sind gemeinsam zu fertigen.

d) Tragen Sie funktionsgerechte Oberflächenangaben mit *Rz*-Werten ein.

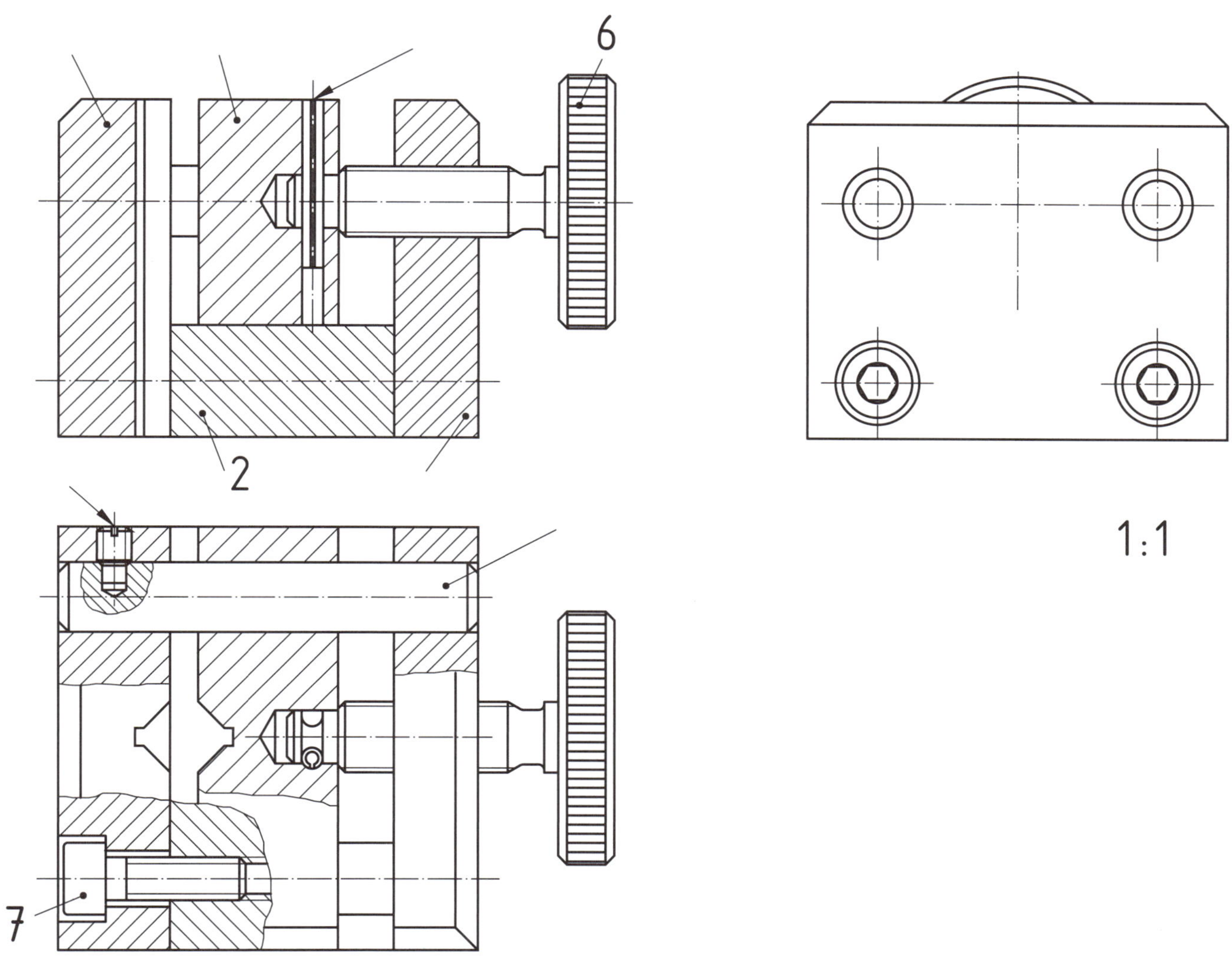

Pos. Nr.	Menge/ Einheit	Benennung	Werkstoff/Norm-Kurzbezeichnung	Bemerkung, Fertigmaße
1	1	Seitenplatte	S235JRC+C	60x48x12
2	1	Grundplatte	S235JRC+C	60x32x16
3	1	Fester Backen	C45E+QT	60x48x16
4	1	Beweglicher Backen	C45E+QT	60x32x20
5	1	Spannstift		
6	1	Rändelschraube	DIN 653-M10x40	Länge 40 und Ansatz nachgearbeitet
7	4	Zylinderschraube		
8	2	Gewindestift		
9	2	Führungsbolzen	E295	Φ10x60

3 Fester Backen C45E+QT

6.2 Verstellbarer Bock

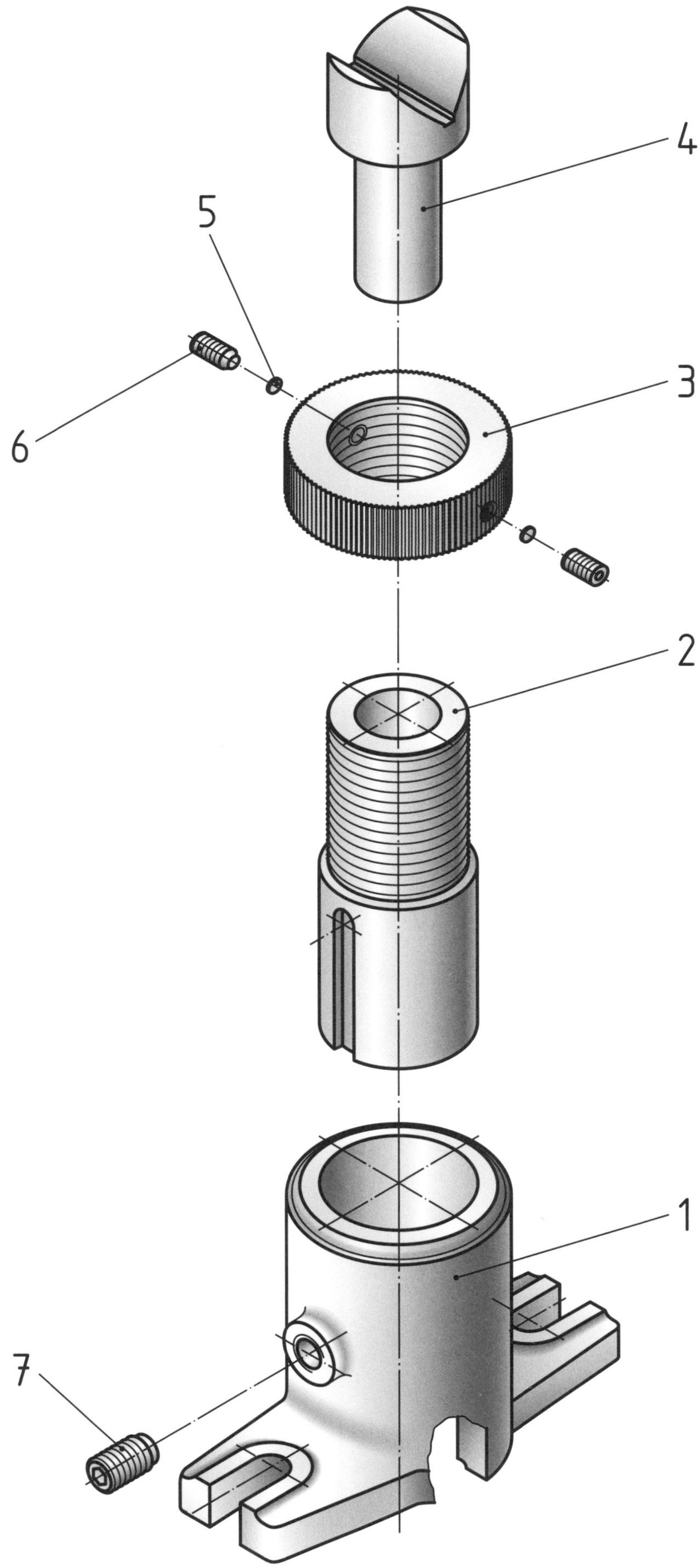

6.2 Verstellbarer Bock

a) Vervollständigen Sie die Baugruppenzeichnung des verstellbaren Bocks auf Blatt 37 in folgenden Teilschritten:
- Ergänzen Sie die fehlenden Schraffuren:
  Sockel Pos. 1, Schraffurrichtung 135°, Abstand 4,5 mm
  Spindel Pos. 2, Schraffurrichtung 45°, Abstand 2,5 mm
  Mutter Pos. 3, Schraffurrichtung 135°, Abstand 2 mm
- Zeichnen Sie den rechts abgebildeten Druckteller Pos. 4. in die Baugruppenzeichnung ein und vervollständigen Sie die Positionsnummern.

b) Bestimmen Sie die minimale Gesamthöhe, die maximale Gesamthöhe und den maximalen Verstellweg des Bocks.

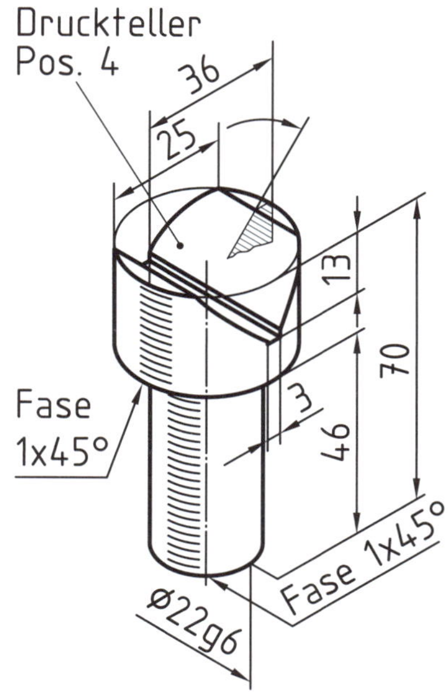

minimale Höhe: ....

maximaler Verstellweg: ....

maximale Höhe: ....

c) Wozu dient die prismatische Ausfräsung am Druckteller Pos. 4?

d) Welche Passungsart muss funktionsbedingt zwischen dem Sockel Pos. 1 und der Spindel Pos. 2 vorhanden sein? Begründen Sie ihre Antworten.

e) Welche Passungsart muss funktionsbedingt zwischen der Spindel Pos. 2 und dem Druckteller Pos. 4, vorhanden sein? Begründen Sie ihre Antworten.

f) Worauf ist bei der Montage des Gewindestiftes Pos. 7 zu achten?

g) In welcher Drehrichtung und um welchen Drehwinkel muss die Mutter Pos. 3 gedreht werden, damit die Stellhöhe um 0,5 mm höher wird?

h) Schon nach kurzer Einsatzzeit zeigt sich, dass das Verstellen der Mutter immer mehr Kraftaufwand erfordert. Nennen Sie zwei mögliche Ursachen.

6 Gesamtzeichnung, Baugruppen

Baugruppe und Stückliste

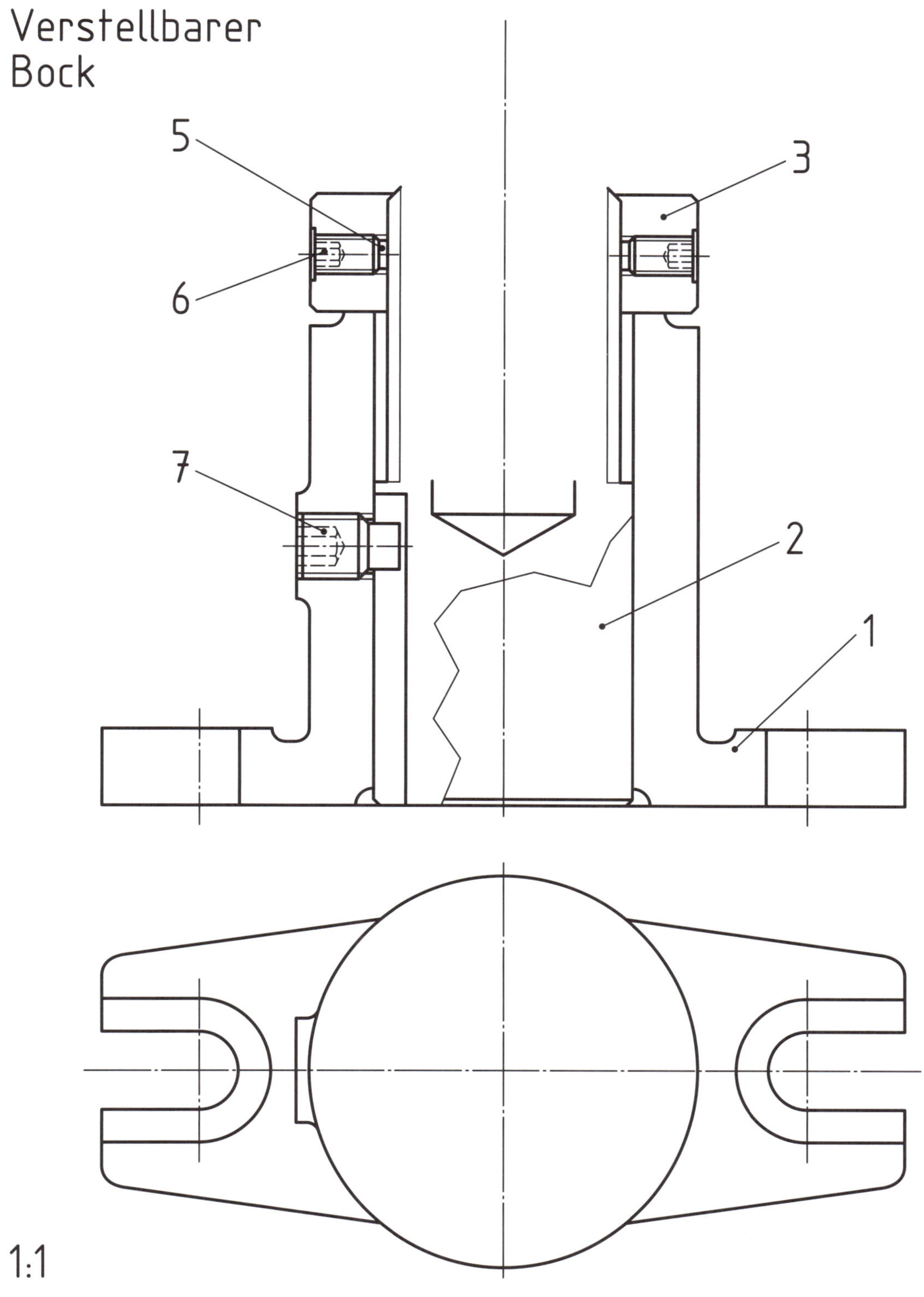

Pos. Nr.	Menge/ Einheit	Benennung	Werkstoff/Norm-Kurzbezeichnung	Bemerkung/Fertigmaße
1	1	Sockel	GE240	
2	1	Spindel	S355JR	Φ40x95
3	1	Mutter	S355JR	Φ60x18 M36x2
4	1	Druckteller	41Cr4	Φ36x70
5	2	Klemmscheibe	Polypropylen	Φ4,5x1
6	2	Gewindestift	ISO 4026-M6x12	
7	1	Gewindestift	ISO 4028-M10x16	

Name: Klasse: Datum:

6 Gesamtzeichnung, Baugruppen

Baugruppenzeichnung auswerten, interpretieren

EUROPA LEHRMITTEL

6.3 Kurbelschwinge

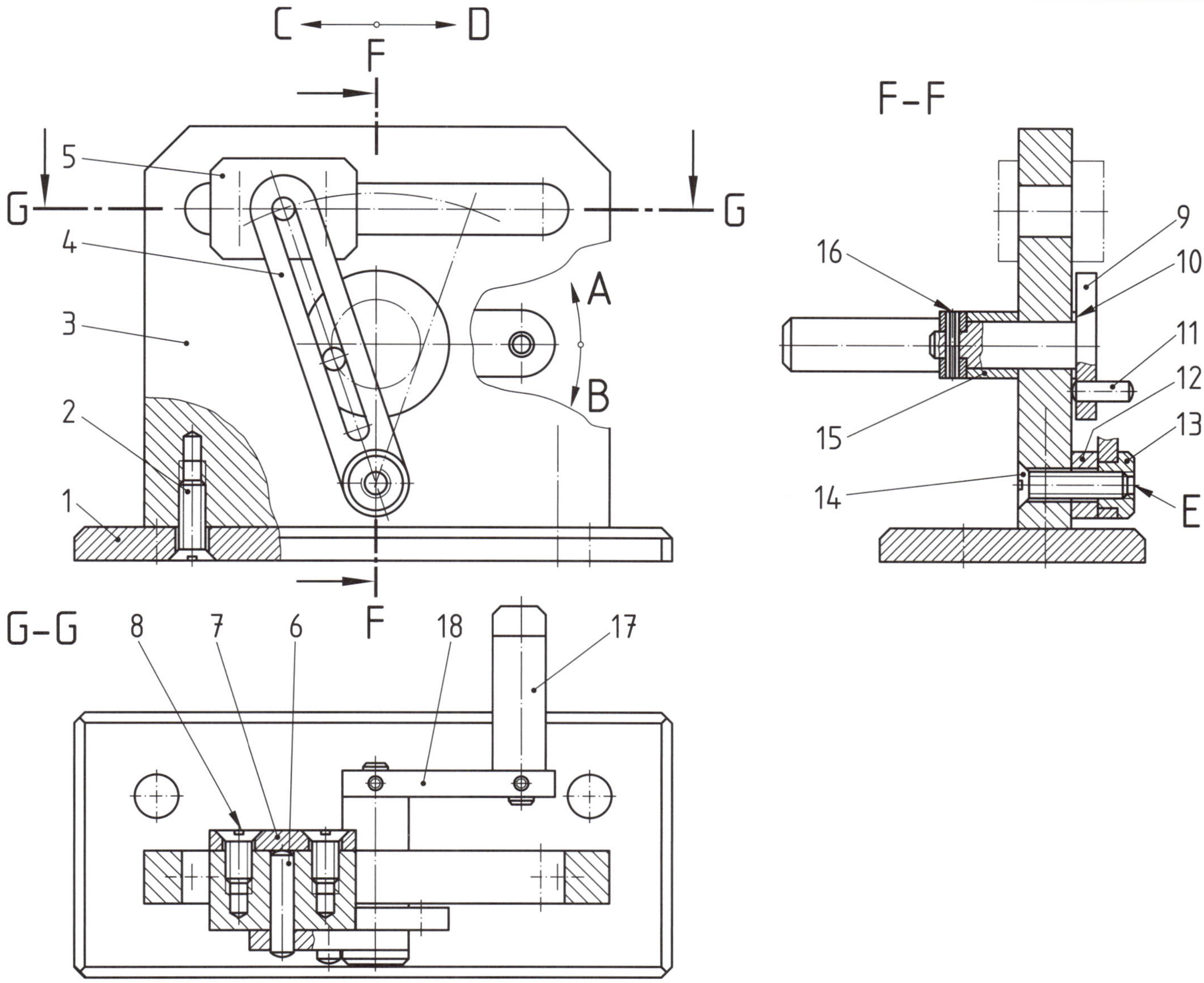

Pos. Nr.	Menge/Einheit	Benennung	Werkstoff/Norm-Kurzbezeichnung	Bemerkung/Fertigmaße
1	1	Grundplatte	S235JRC+C	90x40x5
2	2	Senkschraube	ISO 2009 - M4x12-5.8	
3	1	Führungsplatte	S235JRC+C	70x60x8
4	1	Schwinge	S235JRC+C	55x10x3
5	1	Gleitteil	CuSn11Pb2-C	22x15x12
6	1	Zylinderstift	ISO 2338 - 3 m6 x 16 St	
7	1	Sicherungsplatte	CuSn11Pb2-C	22x15x3
8	2	Senkschraube	ISO 2009 - M4x8-5.8	
9	1	Exzenter	S235JRC+C	Ø22x25
10	1	Passscheibe	S235JRC+C	Ø10xØ7x0,5
11	1	Zylinderstift	ISO 2338 - 3 m6 x 8-St	
12	1	Abstandsring	S235JRC+C	Ø10x4
13	1	Führungsbuchse	S235JRC+C	Ø10x5
14	1	Senkschraube	ISO 2009 - M4x16-5.8	
15	1	Abstandsbuchse	S235JRC+C	Ø10xØ7x8
16	2	Spannstift	ISO 13337 - 2x10-St	
17	1	Kurbelgriff	S235JRC+C	Ø8x30
18	1	Kurbel	S235JRC+C	10x4x32

6 Gesamtzeichnung, Baugruppen

Baugruppenzeichnung auswerten, interpretieren

6.3 Kurbelschwinge

a) In welchem Maßstab ist die Baugruppenzeichnung der Kurbelschwinge auf Blatt 38 dargestellt?

b) Welche Ansichten der Kurbelschwinge und welche Schnittdarstellungen enthält Blatt 38?

c) Weshalb sind die Konturen von Pos. 5 und 7 in der Seitenansicht mit einer Strich-Zweipunktlinie dargestellt?

d) In welche Richtung bewegt sich das Gleitteil Pos. 5, wenn die Kurbel Pos. 18 in Richtung B gedreht wird?

e) Beschreiben Sie den Bewegungsablauf des Gleitteils Pos. 5 und der Schwinge Pos. 4 beim gleichmäßigen Drehen der Kurbel Pos. 18.

f) Ordnen Sie die Wirkprinzipien „formschlüssig" und „kraftschlüssig" den Fügeaufgaben zu:

Zylinderstift Pos. 11 in Exzenter Pos. 9:

Kurbel Pos. 18 mit Exzenter Pos. 9 durch Spannhülse:

Grundplatte Pos. 1 mit Führungsplatte Pos. 3 durch Senkschrauben:

g) Welche Vorteile ergeben sich aus der Verwendung einer Spannhülse gegenüber eines Zylinderstiftes z.B. beim Fügen der Kurbel Pos. 18 mit dem Kurbelgriff Pos. 17?

h) Erläutern Sie die Norm-Kurzbezeichnung der Senkschraube Pos. 14.

Name: Klasse: Datum:

6 Gesamtzeichnung, Baugruppen

Baugruppenzeichnung auswerten, interpretieren

EUROPA LEHRMITTEL

6.4 Teilzeichnung, Isometrie

Für die beiden nachfolgenden Zeichnungen entnehmen Sie die Informationen zu den Maßen aus der Stückliste und der Gesamtzeichnung (Blatt 38).

a) Erstellen Sie eine Teilzeichnung des Exzenters (Pos. 9) in zwei Ansichten mit der Vorderansicht im Halbschnitt im Maßstab 2:1.

b) Zeichnen Sie das Gleitteil (Pos. 5) in isometrischer Darstellung im Maßstab 2:1.

2:1

5 Gleitteil CuSn11Pb2-C 2:1

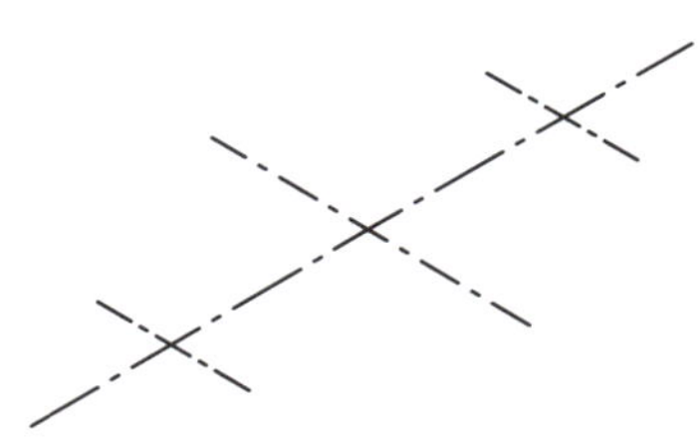

Name: Klasse: Datum:

7 Schaltungsunterlagen

Elektrische Schaltungen

7.1 Reihenschaltung

Die Widerstände $R_1 = 50\ \Omega$, $R_2 = 80\ \Omega$ und $R_3 = 150\ \Omega$ werden an eine Spannung von 230 V angeschlossen.

a) Zeichnen Sie einen Schaltplan, in welchem die Widerstände in Reihe geschaltet sind und ein Spannungsmesser so angeschlossen ist, das die Spannung am Widerstand R_2 gemessen werden kann.

b) Berechnen Sie den Gesamtwiderstand der Schaltung.

c) Berechnen Sie die Stromstärke.

d) Berechnen Sie die Spannung am Widerstand R_2.

7.2 Parallelschaltung

Die Widerstände $R_1 = 15\ \Omega$, $R_2 = 25\ \Omega$, $R_3 = 50\ \Omega$ und $R_4 = 75\ \Omega$, werden parallel geschaltet und an eine Spannung von 12 V angeschlossen.

a) Zeichnen Sie den Schaltplan.

b) Zeichnen Sie in den Schaltplan ein Messgerät zur Messung des Stromes, der durch den Widerstand R_3 fließt.

c) Berechnen Sie den Gesamtwiderstand und den Teilstrom R_3.

7.3 Relaisschaltung

Eine Lampe leuchtet, wenn entweder Taster S1 oder Taster S2 betätigt werden. Beim gleichzeitigen Betätigen beider Taster muss sie erlöschen. Zeichnen Sie den Schaltplan.

7.4 Pneumatik-Schaltplan

a) Zeichnen Sie bei den jeweiligen Kennziffern folgende Sinnbilder ein:
   1.5, 2.4: Doppelt wirkender Zylinder
   1.4, 2.3: 5/2-Wegeventil
   1.2, 1.3, 2.1, 2.2: 3/2-Wegeventil, rollenbetätigt

b) Tragen Sie die Kennziffern (Kennbuchstaben) für die Anschlüsse ein.

c) Beschreiben Sie den Ablauf des Programmes in den einzelnen Steuerschritten nach kurzer Betätigung der Starttaste 1.1.

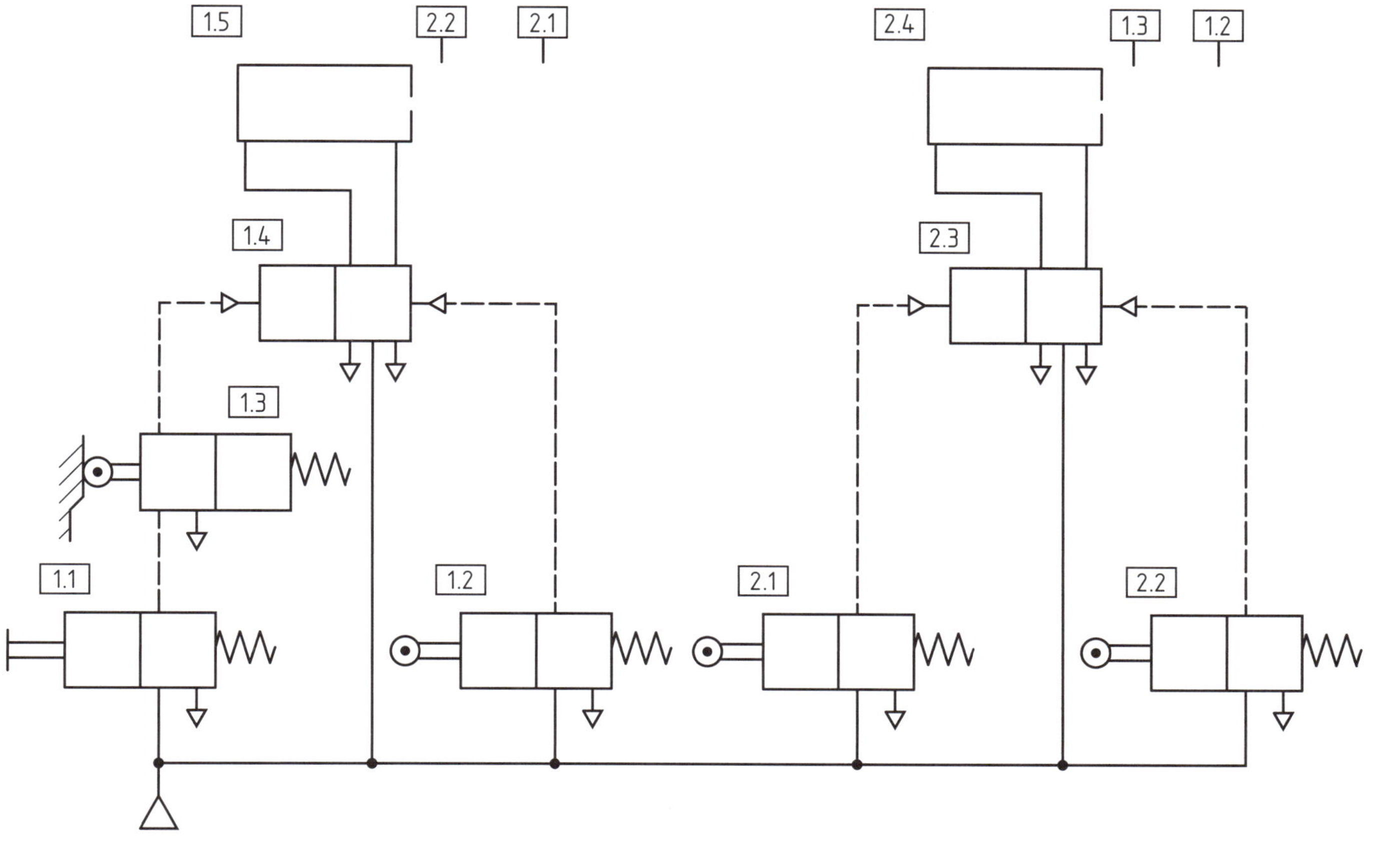

Beschreibung des Programmablaufes

Steuerschritt	Vorgang
1	
2	
3	
4	
5	

Name: Klasse: Datum:

8 Grafische Darstellungen

Liniendiagramme

8.1 Gestreckte Länge von Schlüsselringen

Für die Herstellung von Schlüsselringen soll die gestreckte Länge für verschiedene mittlere Ringdurchmesser grafisch ermittelt werden. Der Biegewinkel beträgt 700°.
Erstellen Sie eine Wertetabelle und das Liniendiagramm.

8.2 Personaleinsatz

In der Qualitätskontrolle werden vier Prüfer eingesetzt. Für die routinemäßigen Prüfarbeiten des Betriebes benötigen sie 18 Stunden. Mit welchem Personaleinsatz lassen sich die Prüfzeiten verringern.
Stellen Sie den Zusammenhang in einer Wertetabelle und als Liniendiagramm grafisch dar.

8 Grafische Darstellungen

Liniendiagramme

EUROPA LEHRMITTEL

8.3 Kraftstoffverbrauch eines Pkw

a) Stellen Sie in einem Diagramm die Abhängigkeit des Kraftstoffverbrauchs eines Pkw von der Geschwindigkeit dar (Verbrauch bei konstanter Geschwindigkeit mit zwei Personen im 4. Gang). Folgende Werte sind gemessen:

v in km/h	60	80	100	115	120	130
Verbrauch in l/100 km	6,5	7,1	8	9,2	9,8	11,7

b) Wie groß ist der Verbrauch bei der Geschwindigkeit v = 110km/h?

c) Beurteilen Sie den Mehrverbrauch bzw. die Umweltbelastung, wenn der Pkw seine Geschwindigkeit von 90 km/h auf 100 km/h bzw. von 120 km/h auf 130 km/h erhöht.

a)

b) /100 km

c)

8.4 Leistung und Drehmoment eines Pkw

a) Stellen Sie in einem Diagramm gleichzeitig die Abhängigkeit des Drehmoments und der Leistung eines Pkw von der Drehzahl dar, wenn folgende Messwerte gegeben sind:

n in min^{-1}	1250	2000	3000	3500	4000	5000	5000
M in N · m	129	133	139	140	138	121	109
P in kW	14	27	43	50	56	63	62

Wie groß muss die Drehzahl sein, wenn

b) zum Anfahren das größte Drehmoment zur Verfügung stehen sollte?

c) zum Überholen die höchste Leistung benötigt wird?

a)

b) /min

c) /min

8 Grafische Darstellungen

Flächendiagramme, Balkendiagramm

8.5 Mittlere Rautiefen bei verschiedenen Bearbeitungsverfahren
Stellen Sie in einem Säulendiagramm die mittleren erreichbaren Rautiefen folgender Berabeitungsverfahren dar:
Schaben 12 μm, Reiben 6 μm, Räumen 5 μm, Schleifen 2,5 μm, Rundläppen 0,5 μm, Kurzhubhonen 0,3 μm.

8.6 Zusammensetzung des Silberlotes L-Ag30Cd (DIN EN 1044; Ag 306)
Wie groß sind die Einzelgehalte des im Kreisdiagramm dargestellten Silberlotes? Tragen Sie die Werte in das Diagramm ein.

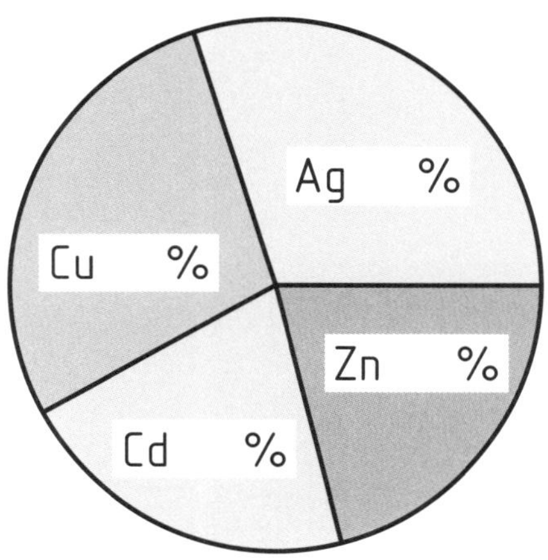

8.7 Energiefluss in einem Heizkessel
Wie groß sind die Wärmeverluste bzw. die nutzbare Wärmemenge in Prozent, wenn für einen Heizkessel das folgende Diagramm gilt? Tragen Sie die Werte ein.

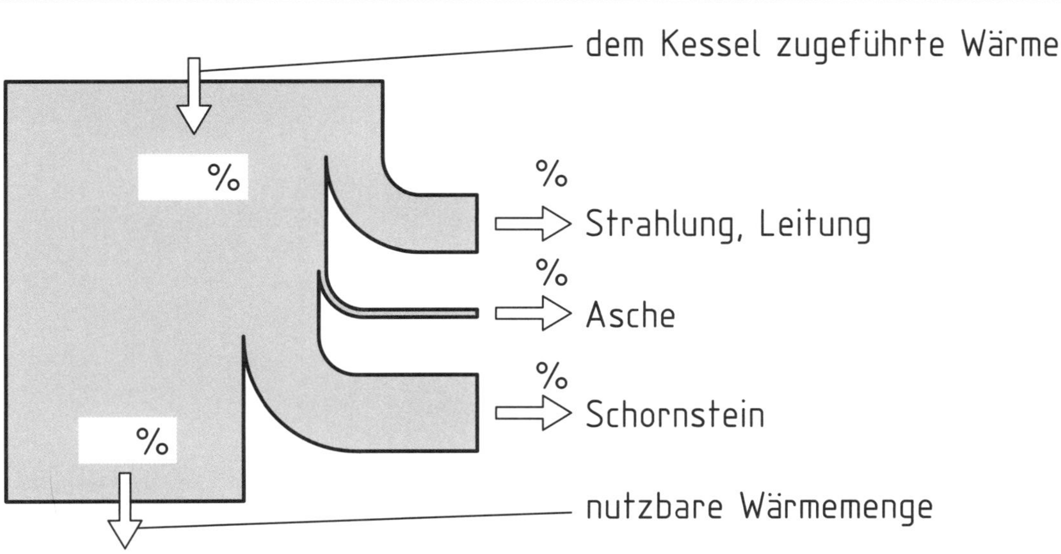

Name: Klasse: Datum:

8 Grafische Darstellungen
Diagrammbeispiel: Pareto-Analyse

EUROPA LEHRMITTEL

8.8 Fehlersammelliste

In der abgebildeten Fehlersammelliste wurden die aufgetretenen Fehler einer Gehäusefertigung, sortiert nach Fehlerart, durch den Eintrag von Zählstrichen erfasst. Für eine Qualitätsverbesserung muss die Fehlersituation analysiert werden.
Vervollständigen Sie die Fehlersammelliste, indem Sie die Gesamtzahl der Fehler je Kalenderwoche, die Zeilensumme der Fehler über den Erfassungszeitraum und die Gesamtfehlerzahl im Erfassungszeitraum eintragen.

Fehlersammelliste		**Bauteil:** Gehäuse		**Artikelnr.:** 2004-OG-0603		
Fertigungsauftrag: 230308-11		**Prüfplan:** 1.2 Gehäuse rechts		**Zeitraum:** KW10 bis KW13		
Fehler	**Fehlerart**	**KW10**	**KW11**	**KW12**	**KW13**	
F1	Gusskontur K_1 zu tief	卌 III	III	卌	III	
F2	Gusskontur K_2 unsymmetrisch		I	I		
F3	Abmaß Länge l_1	II	I		I	
F4	Passmaß Länge l_2	卌 II	卌 I	卌 卌	卌 III	
F5	Passmaß Bohrung d_1	I		I		
F6	Zylinderform Bohrung d_1	I	II	I		
F7	Winkligkeit Bohrung 3 zu 1	卌 卌	卌 卌 II	卌 卌 I	卌 IIII	
F8	Gehäuse nicht druckdicht		I	II		
	Gesamt der Fehler:					

8.9 Paretoanalyse

Eine Pareto-Analyse soll aufzeigen, welche Maßnahmen geeignet sind um eine deutliche Qualitätsverbesserung zu erreichen.

a) Stellen Sie hierzu die Fehlerhäufigkeit der einzelnen Fehlerarten als Balkendiagramm dar. Sortieren Sie die Fehlerarten nach Häufigkeit und beginnen Sie links mit der häufigsten Fehlerart.

b) Stellen Sie die Summe der Fehler über die nach Häufigkeit sortierten Fehlerarten in Prozent als Liniendiagramm dar.

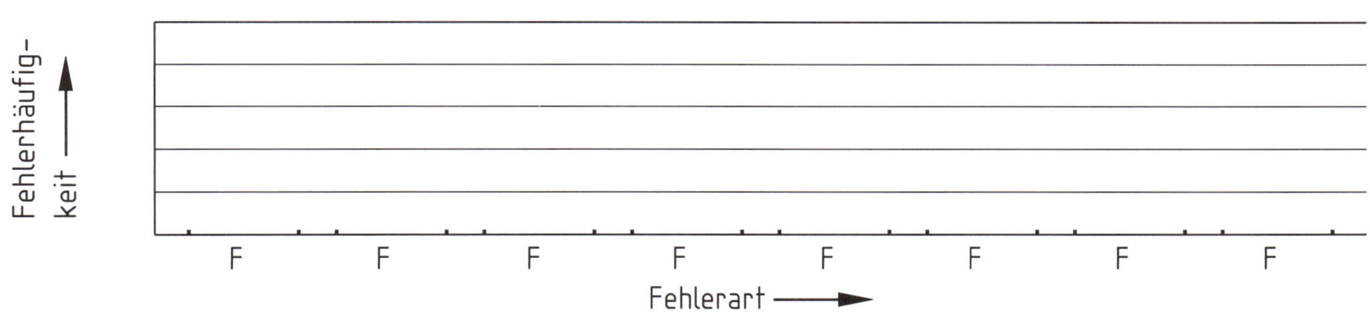

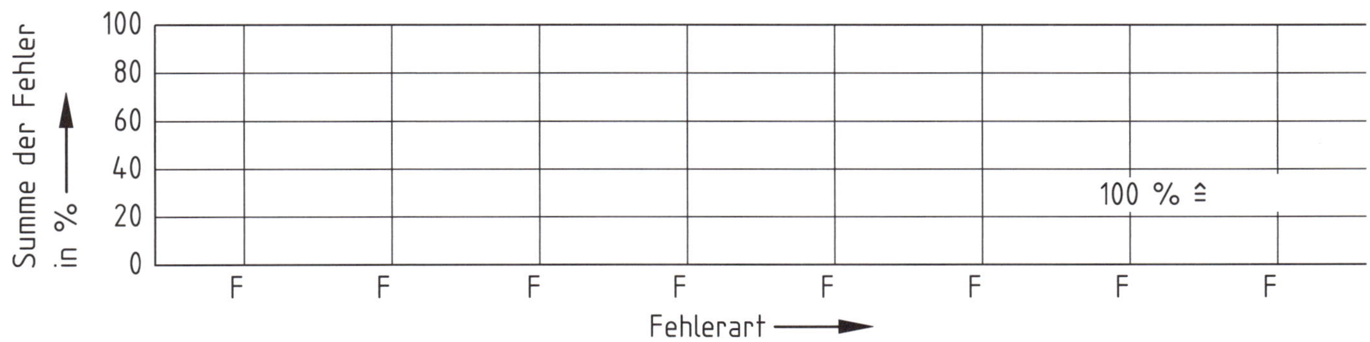

8.10 Qualitätsverbesserung

Welche Qualitätsverbesserung lässt sich erreichen, wenn durch entsprechende Prozessveränderungen (z.B. Bohrvorrichtungen)

a) die zwei häufigsten Fehlerarten ausgeschlossen werden?

b) die drei häufigsten Fehlerarten ausgeschlossen werden?

a) ______________________ b) ______________________

Allgemeintoleranzen		Datum	Name	Benennung	
ISO 2768-	Bearbeiter				
EUROPA LEHRMITTEL	Prüfer			Schule	Klasse
	M :	Werkstoff			Blatt

Allgemeintoleranzen		Datum	Name	Benennung	
ISO 2768-	Bearbeiter				
	Prüfer			Schule	Klasse
	M :	Werkstoff			Blatt